商务与经济数学：
概率论与数理统计

Business and Economic Mathematics:
Probability Theory and Mathematical Statistics

- 主　编　王玉文
- 副主编　崔婷婷
　　　　　王小莹

哈尔滨工业大学出版社

内 容 简 介

本书全面、系统地介绍了初等概率论与数理统计的基础知识、基本原理和常用的统计分析方法。全书共3章;第1章、第2章为概率部分,主要叙述各种概率分布及其性质;第3章为数理统计部分,主要介绍抽样与抽样分布、参数估计和假设检验的基本知识。同时,本书根据在相关专业课中的应用,对矩阵部分内容补充了一般的 $m×n$ 阶矩阵,保证了内容的完整性,并且给出了相应的用计算机软件进行计算和分析的步骤。每章均有习题辅助教学,全书结构完整、体系合理。

本书可作为经管类专业及其他相关专业的教材或教学参考书,也可以作为经济管理科技工作人员的参考资料或自学培训教材。

图书在版编目(CIP)数据

商务与经济数学:概率论与数理统计/王玉文主编
.—哈尔滨:哈尔滨工业大学出版社,2021.7
ISBN 978-7-5603-9524-1

Ⅰ.①商… Ⅱ.①王… Ⅲ.①经济数学—教材 ②概率论—教材 ③数理统计—教材 Ⅳ.①F224.0 ②021

中国版本图书馆 CIP 数据核字(2021)第 118513 号

策划编辑	杜 燕
责任编辑	周一瞳 庞亭亭
出版发行	哈尔滨工业大学出版社
社　　址	哈尔滨市南岗区复华四道街10号 邮编150006
传　　真	0451-86414749
网　　址	http://hitpress.hit.edu.cn
印　　刷	黑龙江艺德印刷有限责任公司
开　　本	787mm×1092mm 1/16 印张10.5 字数245千字
版　　次	2020年8月第1版 2020年8月第1次印刷
书　　号	ISBN 978-7-5603-9524-1
定　　价	32.00元

(如因印装质量问题影响阅读,我社负责调换)

前　言

在现实生活中,"概率""统计"是人们十分熟悉的词汇,概率统计是一门研究与探索随机现象的统计规律的科学,它在自然科学和社会科学的许多领域中得到了广泛应用,在金融、经济与管理等方面都发挥了重要的作用。本书充分考虑本科层次定位、经济管理人才培养的专业需求标准,以实现概率论与数理统计课程在应用型本科经管类人才培养计划中的价值。

本书在编写过程中,贯彻"以应用为目的,理论知识以'必需、够用、实用'为度"的原则,对传统数学课程进行改革。本书根据商务与经济学的需要讲授数学,实用且简明易懂。本书共分为3章:第1章、第2章为概率部分,主要叙述各种概率分布及其性质,重点介绍经济、管理、金融中的应用实例;第3章为数理统计部分,主要介绍抽样与抽样分布、参数估计和假设检验的相关知识,突出统计用表及统计软件应用。

在内容编排上,本书有以下几个特点。

(1)在系统地阐述概率论与数理统计基本概念、基本思想与基本方法的基础上,结合经济管理类学生的需求及教学基础,删减了一些比较复杂但应用性不大的内容。《商务与经济数学》(第七版)翻译版中包含较多一元微积分与2至3阶矩阵等线性代数内容,但缺少概率论与数理统计等经管类急需的数学内容。本书根据在相关专业课中的应用,在附录中对矩阵部分内容补充了一般的 $m \times n$ 阶矩阵,保证了内容的完整性。

(2)本书在编写过程中以培养应用型人才为目标,用经济学中的例子讲授数学,使数学与经济学真正融合。本书内容简单且直观,力求便于理解和应用,更加注重在经济、管理、金融中的应用,以培养学生的数学应用意识。

(3)本书中的例题与练习题使用Excel软件求解,并用图示对每一个步骤予以清晰的描述和说明,培养学生运用数学软件解决问题的能力。

本书的编写框架由王玉文拟定,王玉文任主编,崔婷婷、王小莹任副主编。本书编写人员及分工:王小莹(1.1节、1.2节、第2章、附录A)、王玉文(1.3节、1.4节)、崔婷婷(第3章、附录B)。全书由王玉文完成最后的统稿与定稿。本书可作为经管类专业及其他相关专业的教材或教学参考书,也可以作为经济管理科技工作人员的参考资料或自学培训教材。

鉴于编者水平有限,加之教学改革中的一些问题还有待探索,不足之处恳请读者批评指正。

编 者

2021年4月

目 录

第1章 概率与随机变量 ··· 1

1.1 概率及其运算规律 ·· 1

1.2 随机变量及其概率分布 ··· 18

1.3 随机变量的期望、方差及协方差 ································ 27

1.4 在经济中的应用举例 ·· 39

第2章 常用概率分布 ·· 44

2.1 二项分布 ·· 44

*2.2 泊松分布 ··· 54

2.3 正态分布 ·· 59

第3章 数理统计基础 ·· 70

3.1 抽样与抽样分布 ·· 70

3.2 参数估计 ·· 87

3.3 假设检验 ·· 106

*3.4 相关分析与回归分析 ··· 118

附录A 商务与经济数学(补充) ··· 125

A.1 函数的极限 ·· 125

A.2 $m \times n$ 阶矩阵 ·· 133

*A.3 矩阵的应用举例 …………………………………………………… 137

附录 B Excel 相关操作 …………………………………………………… 144

B.1 用 Excel 进行数据分析:数据分析工具在哪里? ………………… 144
B.2 用 Excel 进行数据分析:数据的分类汇总和直方图制作 ………… 146
B.3 用 Excel 进行数据分析:描述统计分析 …………………………… 151
B.4 用 Excel 进行数据分析:均值区间估计 …………………………… 153

附录 C 附表 ………………………………………………………………… 156

参考文献 …………………………………………………………………… 161

第 1 章 概率与随机变量

本章介绍概率、随机变量的数字特征及其在经济管理中的应用,共分四节,应该按顺序阅读。

1.1 节介绍随机试验、样本空间、事件及其概率的定义、运算律等问题,并引用商务中实例。

1.2 节介绍一类特殊的函数——随机变量,重点在于介绍其概率分布,以离散型随机变量、连续型随机变量分别进行呈现。

1.3 节介绍随机变量的数字特征,以其概率分布给出刻画其中心趋势、分散程度的特征。

1.4 节介绍如何应用概率、随机变量及其数字特征,刻画经济、管理及商务问题中的具体问题,并由此给出关于解决方案的建议。

本章还用到应用微积分、矩阵、n 项求和及极限等商务数学基础知识。

1.1 概率及其运算规律

学习目标:
- 理解随机试验是什么
- 理解基本事件和样本空间问题
- 理解事件及其发生概率的三种定义
- 计算并、交、补事件
- 计算并、交、补事件的概率
- 运用加法法则、乘法法则、条件概率进行计算

1.1.1 概率

概率这个词是与探求真实性联系在一起的,人类生活的世界上充满了不确定性,因此猜测事件的真相和掌握这种不确定性事件发生的可能性大小就成为人们关心的问题,于是概率概念应运而生。日常生活中,概率无处不在,从彩票的中奖到天气预报、股票市场的预测,概率量化了商业和日常生活中的不确定性,是分析商务决策模型和决策过程的重

要因素。

要预测一只没有任何相关信息的股票在下一个交易日价格是升还是降,可用抛一枚均匀硬币来模拟。例如,出现正面为价格升,出现反面为价格降,每次抛出的结果不是正面朝上就是反面朝上,无法事先单独预言一次的结果,但是随着投掷次数的大量增加,却会出现如下规律:正面向上次数的比例越来越接近 $\frac{1}{2}$。

像这样不能事先预知结果,但在特定条件下重复发生时却有频率稳定性的现象,称为随机现象。概率就是随机现象结果出现可能性的一种度量,是当现象大量重复进行时,所观察到该结果出现频率的长期稳定的数值,这个数值一定位于 0 与 1 之间。

在上面的例子中,抛一枚均匀的硬币,出现正面的概率为 $\frac{1}{2}$,在没有相关信息的条件下,下个交易日可认为股票价格上升的概率为 $\frac{1}{2}$。

随机试验(简称试验)是一种每次出现的结果不确定,但是同一结果可重复出现的过程。试验是通过观察收集数据的行为。一个试验既可能是掷硬币,也可能是掷骰子、观察并记录天气情况、组织一个市场调查或者观察股票市场等这些简单的行为。试验结果是观察到的数据,可能是两个骰子点数的和、天气属性的特征、顾客对待新产品的反应或者上证指数在一周内的变化等。

随机试验的单个结果称为基本事件,记为 ω_i 或 ω;所有基本事件(或试验结果)的集合称为样本空间,记为 Ω;事件是样本空间 Ω 中可定义概率的子集,可以由单个或若干基本事件组成,记为大写字母 A 或 B 等。

例 1.1.1 进行投掷两枚完好骰子的试验,观察掷出的点数。

(1) 确定随机试验的基本事件;

(2) 确定随机试验的样本空间;

(3) 事件 A ="投出大于 10 的奇数点"。

解 (1) 投掷两枚完好骰子,用 (i,j) (其中 i 表示一枚骰子的点数,j 表示另一枚骰子的点数)表示基本事件,写出 i、j 的所有可能取值。

这个试验的所有基本事件有 (1,1)(1,2)(1,3)(1,4)(1,5)(1,6)(2,1)(2,2)(2,3)(2,4)(2,5)(2,6)(3,1)(3,2)(3,3)(3,4)(3,5)(3,6)(4,1)(4,2)(4,3)(4,4)(4,5)(4,6)(5,1)(5,2)(5,3)(5,4)(5,5)(5,6)(6,1)(6,2)(6,3)(6,4)(6,5)(6,6)。

(2) 样本空间 $\Omega = \{(i,j) \mid 1 \leqslant i,j \leqslant 6\}$。

(3) A ="投出大于 10 的奇数点"="投出 11 点"=$\{(5,6),(6,5)\}$

$$N(A) = 2$$

$$P(A) = \frac{N(A)}{N(\Omega)} = \frac{2}{36} = \frac{1}{18}$$

习题 1 进行投掷两枚均匀硬币的随机试验,观察正面(H),反面(T)。

(1) 写出随机试验的基本事件;

(2) 确定随机试验的样本空间;

(3) 事件 B ="首次出现正面(H)"。

习题 2　用投掷两次均匀硬币模拟 1 支股票价格,画出在未来两个交易日的价格变化趋势图。

概率是一个事件将要发生的可能性的大小,可以用以下三种方法来定义。

1. 古典方法

如果导致某一事件发生的过程是正确的,那么概率可以从理论上确定,这是对概率的经典定义,又称古典方法。

首先,以 Φ 记不可能发生的事件,称为"不可能事件";而以 Ω 记必然要发生的事件,称为"必然事件"。事件 A 的概率记为 $P(A)$。则有如下概率性质公理:

(1) 对任意 A,有 $0 \leqslant P(A) \leqslant 1$;

(2) 如果 Φ 为"不可能事件",则 $P(\Phi)=0$;

(3) 如果 Ω 为"必然事件",则 $P(\Omega)=1$;

(4) 如果样本空间 $\Omega=\{\omega_1,\omega_2,\cdots,\omega_n\}$ 为有限个基本事件 ω_i,则有

$$\sum_{i=1}^n P(\omega_i) = P(\omega_1)+P(\omega_2)+\cdots+P(\omega_n)=1$$

定理 1.1.1(古典方法计算概率)　如果随机试验有 n 个等可能发生的基本事件 ω_1, $\omega_2,\cdots,\omega_n$,且事件 A 发生的方式数(含不同的基本事件数)为 $m(1\leqslant m\leqslant n)$,则事件 A 的概率为

$$P(A)=\frac{A \text{ 发生的方式数}}{\text{所有可能的结果数}}=\frac{m}{n} \tag{1.1.1}$$

如果 Ω 为样本空间,$|\Omega|$ 为 Ω 所含基本事件数,$|A|$ 为事件 A 所含基本事件数,则有

$$P(A)=\frac{|A|}{|\Omega|} \tag{1.1.2}$$

证明　因为 $\Omega=\{\omega_1,\omega_2,\cdots,\omega_n\}$ 且 $P(\omega_1)=P(\omega_2)=\cdots=P(\omega_n)$,从而由

$$P(\omega_1)+P(\omega_2)+\cdots+P(\omega_n)=1$$

可知

$$P(\omega_1)=P(\omega_2)=\cdots=P(\omega_n)=\frac{1}{n}$$

又因为 $A=\{\omega_{n_1},\omega_{n_2},\cdots,\omega_{n_m}\}$,其中 $\{\omega_{n_1},\omega_{n_2},\cdots,\omega_{n_m}\}$ 为 $\{\omega_1,\omega_2,\cdots,\omega_n\}$ 的子集,则有

$$P(A)=P(\omega_{n_1})+P(\omega_{n_2})+\cdots+P(\omega_{n_m})=\frac{m}{n}$$

例 1.1.2(运用古典方法计算概率)　投掷一对完好的骰子。

(1) 计算投掷出 7 点的概率;

(2) 计算投掷出 3 点的概率;

(3) 比较投掷出 7 点和投掷出 3 点的可能性。

分析　使用古典方法,计算样本空间中基本事件的个数和事件发生的方式数。

解　(1) $\Omega=\{(i,j)\mid 1\leqslant i,j\leqslant 6\}$,则由乘法原理知 $N(\Omega)=36$,有

$$A=\text{"投出 7 点"}=\{(1,6),(2,5),(3,4),(4,3),(5,2),(6,1)\},N(A)=6$$

所以

$$P(A) = \frac{N(A)}{N(\Omega)} = \frac{6}{36} = \frac{1}{6}$$

(2) $B =$ "投出 3 点" $= \{(1,2),(2,1)\}, N(B) = 2,$ 所以

$$P(B) = \frac{N(B)}{N(\Omega)} = \frac{2}{36} = \frac{1}{18}$$

(3) 因为 $P(A) = \frac{1}{6}, P(B) = \frac{1}{18}$,所以投出 7 点的可能远大于投出 3 点的可能。

习题 3 如果两顾客被问对新产品的态度(支持或不支持),假设所有结果的出现是等可能性的,那么至少有一个顾客不支持的概率是多少?

2. 经验方法

当随机试验的基本事件不是有限个,或虽是有限个,但发生的可能性不同时,无法运用古典方法。

定理 1.1.2(用经验方法逼近概率) 事件 A 的概率可用观察到事件 A 发生的次数除以试验重复的次数来逼近,即

$$P(A) \approx \frac{A \text{ 出现的频数}}{\text{试验重复次数}} = A \text{ 的频率}$$

大数定律:随着随机试验重复次数的增加,所观测到一定结果出现的频率会越来越接近该结果出现的概率。应用大数定律可知,试验重复的次数越多,逼近程度越高。

例 1.1.3 西雅图天气数据文件的部分数据如图 1.1.1 所示。

	A	B	C	D	E	F
1	Seattle Weather					
2						
3		Average Temperature	Average Rainfall	Clear	Partly Cloudy	Cloudy
4						
5	January	41.3	5.4	3	5	23
6	February	44.3	4	3	6	19
7	March	46.6	3.8	4	8	19
8	April	50.4	2.5	5	9	16
9	May	56.1	1.8	7	10	14
10	June	61.4	1.6	7	8	15
11	July	65.3	0.9	12	10	9
12	August	65.7	1.2	10	10	11
13	September	60.8	1.9	9	8	13
14	October	53.5	3.3	5	8	18
15	November	46.3	5.7	3	6	21
16	December	41.6	6	3	5	23

图 1.1.1 西雅图天气数据文件的部分数据

(1) 西雅图 1 月出现晴天的概率为多少?

(2) 西雅图 7—8 月出现晴天的概率为多少?

分析 1 月有 3 天晴,5 天多云,23 天阴,故全部 31 天中,有三天晴;7—8 月有 22 天晴,20 天多云,20 天阴,故全部 62 天中,有 22 天晴。

解 1 月出现晴天(设为事件 A)的概率为

$$P(A) = \frac{3}{31} = 0.097$$

而 7—8 月出现晴天(设为事件 B)的概率为

$$P(B) = \frac{22}{62} = 0.355$$

习题 4(用频率逼近概率) 表 1.1.1 中数据是在某工学院随机抽取 200 人,调查他们的专业而得。回答以下问题(概率小于 5% 称为非通常事件):

(1) 随机选 1 人,恰为自动化专业的近似概率;

(2) 随机选 1 人,恰为计算机科学与技术专业的概率,此事件为非通常事件吗?

表 1.1.1　某工学院 200 人专业统计

专业	频数	专业	频数	专业	频数
机械制造	25	电子信息	23	电气工程	21
土木工程	21	通信工程	13	石油工程	47
自动化	26	计算机科学与技术	4	化学工程	20

3. 主观概率

主观概率是来自有经验专家的猜测概率。例如,金融分析师认为上证指数在未来一年增长 10% 的概率为 75%,他得到的关于各种证券未来表现的主观概率表现为一种概率信念。一般来说,他并不知道这种信念对构造投资组合的意义,而资产组合分析的目的正是发现此信念的意义。

* **习题 5(阅读判断题)**

(1) 一个幸运轮的一周均匀注明数字 $1 \sim 100$,且轮子是完全对称和均匀的,转动幸运轮,出现每个数字 $i(1 \leqslant i \leqslant 100)$ 的可能性是均等的。判断出现前 12 个数字中任一个数字的概率是多少?

(2) 有一位富有但个性古怪的商人愿意给你一个赢得大笔财富的机会,你有一次机会去选择你将要进入的情境,但必须在以下两种情况之间进行选择。

选择 1:转动幸运轮,如果出现 $1 \sim 80$ 内的任何数字,你会得到奖赏;否则,什么都得不到。

选择 2:如果明天不下雨,你就得到这笔奖赏;如果明天下雨,你将得不到这笔奖赏。

如果你认为选择 2 好于选择 1,请说明你对明天不下雨的主观概率的判断。

* **习题 6(阅读计算判断题)** 假如在一场比赛中赢 6 次才算赢,两个赌徒在一人赢 5 次,另一人赢 2 次的情形下中断赌博,那么总的赌金应该如何分配?按 5:2 合理吗?请说明理由。

1.1.2　概率运算法则与条件概率

设 Ω 为随机试验的样本空间,A、B 为 Ω 中的事件。

1. 事件的并与交、加法法则

定义 1.1.1 (1) 将事件 A 和事件 B 的所有基本事件合到一起构成的事件称为事件 A 与事件 B 的并,记为 $A \bigcup B$,如图 1.1.2 所示。

(2) 事件 A 和事件 B 共有的基本事件称为事件 A 与事件 B 的交,记为 $A \bigcap B$,如图 1.1.3 所示。

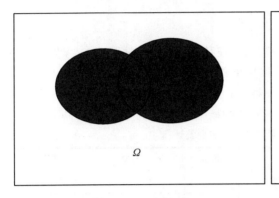

图 1.1.2 $A \cup B$

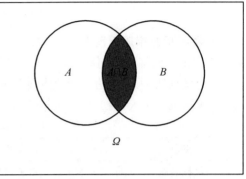

图 1.1.3 $A \cap B$

图 1.1.2 与图 1.1.3 称为 $A \cup B$ 与 $A \cap B$ 的韦恩图(Venn dimgram),图中方框表示样本空间 Ω。

例 1.1.4(说明加法法则) 假设从一副 52 张的扑克牌中随机抽取一张扑克,设 $A=$"抽出一张 K",$B=$"抽出一张红桃",求 $P(A \cup B)$。

分析 列出试验的样本空间及每个事件中全部样本点。$P(A \cup B)$ 为 $A \cup B$ 中样本点个数除以 Ω 中样本点的个数。

解 $\Omega=\{52\text{ 张扑克牌}\}$,$A=\{\text{红桃 }K,\text{黑桃 }K,\text{梅花 }K,\text{方块 }K\}$,$B=\{\text{红桃 }2,\text{红桃 }3,\cdots,\text{红桃 }K,\text{红桃 }A\}$,$A \cup B=\{\text{黑桃 }K,\text{梅花 }K,\text{方块 }K,\text{红桃 }2,\text{红桃 }3,\cdots,\text{红桃 }K,\text{红桃 }A\}$,则

$$P(A \cup B) = \frac{16}{52} = \frac{4}{13}$$

而 $A \cap B = \{\text{红桃 }K\}$,于是 $P(A) = \frac{4}{52}$,$P(B) = \frac{13}{52}$,$P(A \cap B) = \frac{1}{52}$,从而

$$P(A \cup B) = \frac{4}{13} = \frac{4}{52} + \frac{13}{52} - \frac{1}{52} = P(A) + P(B) - P(A \cap B)$$

这是一个一般法则,称为加法法则。

定理 1.1.3(加法法则) 对于事件 A 与事件 B,A 与 B 的并与交满足

$$P(A \cup B) = P(A) + P(B) - P(A \cap B) \tag{1.1.3}$$

借助于韦恩图可以说明加法法则(式(1.1.3)):如图 1.1.3 所示,图中方框面积为 $1(P(\Omega)=1)$,A、B 的面积分别为 $P(A)$ 与 $P(B)$,则 $P(A \cup B)$ 为 A 与 B 所覆盖图形的面积,即 A 的面积叠加 B 的面积且除去重叠图形 $A \cap B$ 的面积,故式(1.1.3)成立。

当事件 A 与事件 B 不能同时发生时,$A \cap B = \varnothing$,称 A 与 B 为互斥事件,此时 $P(A \cap B) = 0$。

定理 1.1.4(互斥事件加法法则) 如果事件 A 与事件 B 互斥,即 $A \cap B = \varnothing$,则有

$$P(A \cup B) = P(A) + P(B) \tag{1.1.4}$$

如果事件列 $A_1, A_2, \cdots, A_n$ 两两互斥,即 $A_i \cap A_j = \varnothing (i \neq j)$,则对任意大的自然数 N,一定有

$$P(\bigcup_{i=1}^{N} A_i) = \sum_{i=1}^{N} P(A_i) \tag{1.1.5}$$

式中，$\bigcup_{n=1}^{N} A_i = A_1 \cup A_2 \cup A_3 \cup \cdots \cup A_N$；$\sum_{i=1}^{N} P(A_i) = P(A_1) + P(A_2) + \cdots + P(A_N)$，$\sum$ 读作"西格玛"。

例 1.1.5（用加法法则估算概率） 在 2018 年的调查中，黑龙江省随机抽取 3 709 人按工作场所与居住地距离、性别划分，调查结果见表 1.1.2。

表1.1.2 黑龙江省随机抽样 3 709 位居民的工作场所与居住地距离划分调查结果

距离	男	女	全体
在家工作	464	832	1 296
小于 1 km	377	380	757
1～3 km	515	407	922
3～5 km	245	148	393
5～10 km	116	78	194
10 km 以上	102	45	147
合计	1 819	1 890	3 709

(1) 在黑龙江人口中随机选取 1 人，估计此人为男的概率；

(2) 在黑龙江人口中随机选取 1 人，估计此人工作场所与居住地距离 3～5 km 的概率；

(3) 在黑龙江人口中随机选取 1 人，估计此人工作场所与居住地距离小于 1 km 或 3～5 km 的概率；

(4) 在黑龙江人口中随机选取 1 人，估计此人为男性或工作场所与居住地距离 3～5 km 的概率。

分析 对每个事件用频率估计概率，再应用加法法则计算复合事件的概率。

解 设 A ="抽得男性者"，B ="抽得工作场所与居住地距离 3～5 km 者"，C ="抽得工作场所与居住地距离小于 1 km 者"。

(1) $$P(A) \approx \frac{1\ 819}{3\ 709} = 49.04\%$$

(2) $$P(B) \approx \frac{393}{3\ 709} = 10.60\%$$

(3) $P(C) \approx \frac{757}{3\ 709}$，因为 $B \cap C = \varPhi$，所以由加法法则得

$$P(B \cup C) = P(B) + P(C) \approx \frac{393}{3\ 709} + \frac{757}{3\ 709} = \frac{1\ 150}{3\ 709} = 31.01\%$$

(4) 由加法法则得

$$P(A \cup B) = P(A) + P(B) - P(A \cap B)$$

因为 $P(A \cap B) \approx \frac{245}{3\ 709}$，所以

$$P(A \cup B) = \frac{1\ 819}{3\ 709} + \frac{393}{3\ 709} - \frac{245}{3\ 709} = \frac{1\ 060}{1\ 974} = 53.3\%$$

2. 余事件与求余法则

假如事件 A 发生的概率已知或易求,如何求 A 不发生的概率呢?

定义 1.1.2 设 Ω 为样本空间,A 为事件,由属于 Ω 而不属于 A 的样本点构成的事件称为事件 A 的余事件或补事件记为 $\overline{A}$。

因为 A 与 $\overline{A}$ 互斥,且 $A \cup \overline{A} = \Omega$,所以有下面结果。

定理 1.1.5(求余法则) 如果 A 为事件,$\overline{A}$ 为 A 的余事件,则有
$$P(\overline{A}) = 1 - P(A)$$

求余法则可用图 1.1.4 所示韦恩图说明。

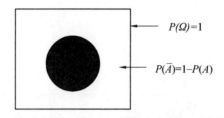

图 1.1.4 求余法则韦恩图

例 1.1.6 我国 2020 年对各个省、自治区、直辖市进行人口普查,居民所受教育程度的频数分布见表 1.1.3。

表 1.1.3 2020 年各个省、自治区、直辖市人口普查居民所受教育程度的频数

教育程度	人数 / 人
文盲(15 岁及以上不识字的人)	8 962 943
小学文化程度	543 047 139
初中文化程度	422 386 607
高中(含中专)文化程度	138 283 459
大学(指大专及以上)文化程度	44 020 146
合计	1 156 700 294

(1) 随机选择 1 人,计算其为大学(指大专及以上)文化程度的概率;

(2) 随机选择 1 人,计算其为低于大学(指大专及以上)文化程度的概率;

(3) 随机选择 1 人,计算其至少为小学文化程度的概率。

分析 每个事件的概率由该事件出现的频率来确定,必要时运用求余法则。

解 (1) 全国共有 1 156 700 294 人,则有
$$P(\text{大学文化程度}) = \frac{44\ 020\ 146}{1\ 156\ 700\ 294} = 3.8\%$$

(2) 使用求余法则,有
$$P(\text{低于大学文化程度}) = 1 - P(\text{大学文化程度})$$
$$= 1 - 3.8\%$$
$$= 96.2\%$$

(3) 使用求余法则,有

$$P(\text{至少为小学文化程度}) = 1 - P(\text{文盲})$$
$$= 1 - \frac{8\,962\,943}{1\,156\,700\,294}$$
$$= 99.3\%$$

例 1.1.7 某工厂生产一批零件,有两种工艺方式。已知第一种工艺有三道工序,每道工序出现废品的概率分别为 0.01、0.02、0.03;第二种工艺有两道工序,每道工序出现废品的概率均为 0.03。请问应该选择哪一种工艺加工零件?

解 记 A 为事件"第一种工艺出现废品",B 为事件"第二种工艺出现废品"。

设 A_i 为第一种工艺第 i 道工序出现废品的事件 $(i=1,2,3)$,A_1、A_2、A_3 相互独立;B_i 为第二种工艺第 i 道工序出现废品的事件 $(i=1,2)$,B_1、B_2 相互独立。则有

$$P(A) = P(A_1 \cup A_2 \cup A_3) = 1 - P(\overline{A_1})P(\overline{A_2})P(\overline{A_3})$$
$$= 1 - 0.99 \times 0.98 \times 0.97$$
$$= 0.058\,906$$
$$P(B) = P(B_1 \cup B_2) = 1 - P(\overline{B_1})P(\overline{B_2})$$
$$= 1 - 0.97 \times 0.97$$
$$= 0.059\,1$$

由于 $P(A) < P(B)$,即用第一种工艺加工零件出现废品的概率小于用第二种工艺加工零件出现废品的概率,因此应选择采用第一种工艺加工零件。

例 1.1.8 为答谢老客户长期以来的支持,银行推出三种理财产品。根据调查,订购 A 理财产品的老客户有 45%,订购 B 理财产品的老客户有 35%,订购 C 理财产品的老客户有 30%,同时订购 A 理财产品和 B 理财产品的老客户有 10%,同时订购 A 理财产品和 C 理财产品的老客户有 8%,同时订购 B 理财产品和 C 理财产品的老客户有 5%,同时订购 A 理财产品、B 理财产品、C 理财产品的老客户有 3%。试求下列事件的概率:

(1) 只订购 A 理财产品;
(2) 只订购一种理财产品;
(3) 正好订购两种理财产品;
(4) 至少订购一种理财产品;
(5) 不订购任何一种理财产品;
(6) 至多订购一种理财产品。

解 设事件 A、B、C 分别表示订购 A 理财产口、B 理财产品和 C 理财产品。

(1) $P(A \cap \overline{B} \cap \overline{C}) = P(A) - P(A \cap B) - P(A \cap C) + P(A \cap B \cap C)$
$$= 45\% - 10\% - 8\% + 3\%$$
$$= 30\%$$

则只订购 A 理财产品的概率为 30%。

$P(A \cap B \cap \overline{C}) = P(C) - P(A \cap C) - P(B \cap C) + P(A \cap B \cap C)$
$$= 30\% - 8\% - 5\% + 3\%$$
$$= 20\%$$

$$P(只订购一种理财产品) = P(A \cap \bar{B} \cap \bar{C}) + P(\bar{A} \cap B \cap \bar{C}) + P(\bar{A} \cap \bar{B} \cap C)$$
$$= 30\% + 23\% + 20\%$$
$$= 73\%$$

则只订购一种理财产品的概率为 20%。

(3) $\quad P(正好订购两种理财产品)$
$$= P(A \cap B \cap \bar{C}) + P(A \cap \bar{B} \cap C) + P(\bar{A} \cap B \cap C)$$
$$= [P(A \cap B) - P(A \cap B \cap C)] +$$
$$[P(A \cap C) - P(A \cap B \cap C)] +$$
$$[P(B \cap C) - P(A \cap B \cap C)]$$
$$= (10\% - 3\%) + (8\% - 3\%) + (5\% - 3\%)$$
$$= 14\%$$

则正好订购两种理财产品的概率为 14%。

(4) $\quad P(至少订购一种理财产品) = P(A \cup B \cup C)$
$$= P(A) + P(B) + P(C) - P(A \cap B) -$$
$$P(A \cap C) - P(B \cap C) + P(A \cap B \cap C)$$
$$= 45\% + 35\% + 30\% - 10\% - 8\% - 5\% + 3\%$$
$$= 90\%$$

则至少订购一种理财产品的概率为 90%。

(5) $\quad P(不订购任何一种理财产品) = P(\bar{A} \cap \bar{B} \cap \bar{C})$
$$= 1 - P(A \cup B \cup C)$$
$$= 1 - 90\%$$
$$= 10\%$$

则不订购任何一种理财产品的概率为 10%。

(6) $\quad P(至多订购一种理财产品) = P(\bar{A} \cap \bar{B} \cap \bar{C}) + P(A \cap \bar{B} \cap \bar{C}) +$
$$P(\bar{A} \cap B \cap \bar{C}) + P(\bar{A} \cap \bar{B} \cap C)$$
$$= 10\% + 73\%$$
$$= 83\%$$

则至多订购一种理财产品的概率为 83%。

思考题：

(1) 两个事件是互斥的含义是什么？

(2) 当两个事件 A、B 不是互斥事件时，在加法法则中，为什么将 $P(A \cap B)$ 从 $P(A) + P(B)$ 中减去？

(3) 两个事件是互余的含义是什么？

3. 乘法法则与条件概率

下面以一个实例说明事件的乘法法则和条件概率。

例 1.1.9 从证券一、证券二、证券三、证券四、证券五中选出两支证券，第一次选出的证券投资份额为 $p, p \in (0,1)$，而第二次选出的证券投资份额为 $1-p$。求"证券一投资份额为 p"且"证券四投资份额为 $1-p$"的概率。

分析 第一次随机选出的证券的投资份额为 p，因为一支证券不能同时作为两次投资，所以运用不放回随机抽样。

解 从五支证券中选出两支投资的树形图如图 1.1.5 所示。

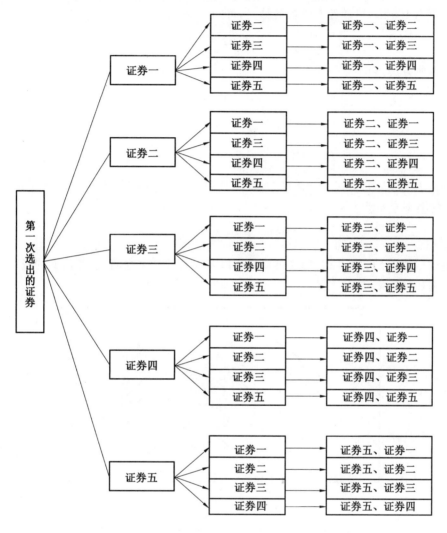

图 1.1.5　例 1.1.9 树形图

随机试验的第一步为第一次随机选出的证券的投资份额为 p，有五种可能选法，树形图中对应五个分支，一旦投资份额为 p 的证券选定，投资份额为 $1-p$ 的证券有四种可能选法。从树形图可以看出，从五支证券中选两支投资的随机试验共有 20 个基本事件，而事件"证券一投资份额为 p"且"证券四投资份额为 $1-p$"只是其中一个基本事件，其发生的概率为 $\frac{1}{20}$。

定义 1.1.3(条件概率) 在事件 E 发生的条件下事件 F 发生的概率，称为给定事件 E 发生条件下事件 F 发生的概率，记为 $P(F\mid E)$。

注记 例 1.1.9 中，给定"证券一投资份额为 $p(p\in(0,1))$"条件下，"证券四投资份

额为 $1-p$"的概率可表示为 $P(F\mid E)$,其中
$$E=\text{"证券一投资份额为 }p,p\in(0,1)\text{"}$$
$$F=\text{"证券四投资份额为 }1-p\text{"}$$
在图 1.1.5 中,以证券一为根的分支,可知
$$P(F\mid E)=\frac{1}{4}$$
由古典方法知
$$P(E)=\frac{1}{5}$$
故有
$$P(E\cap F)=\frac{1}{20}=\frac{1}{5}\times\frac{1}{4}=P(E)P(F\mid E)$$

定义 1.1.4　如果 E 和 F 为两个事件,且 $P(E)>0$,则在事件 E 发生的条件下,事件 F 发生的概率定义为
$$P(F\mid E)=\frac{P(E\cap F)}{P(E)} \tag{1.1.6}$$

由式(1.1.6)可知,$P(F\mid E)$ 可以看成以 E 为新的样本空间,求 $E\cap F$ 的概率。条件概率如图 1.1.6 所示。

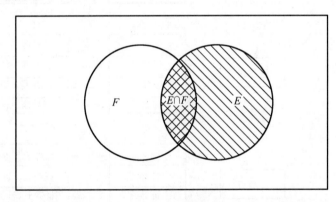

图 1.1.6　条件概率

定理 1.1.6(乘法法则)　两个事件 E 与 F 同时发生的概率为
$$P(E\cap F)=P(E)P(F\mid E) \tag{1.1.7}$$

例 1.1.10(计算条件概率)　在例 1.1.5 的条件下,计算以下概率:

(1) 在 3 709 人中随机选择一位男性,恰为在家工作的概率;

(2) 在 3 709 人中随机选择一位在家工作的人,恰为男性的概率。

分析　(1) 给定事件为"随机选一人恰为男性",故注意"男"栏,有 $N(\text{男性})=1\,819$,且 $N(\text{男性且在家工作})=464$,再应用条件概率法则。

(2) 给定事件为"随机选一人恰为在家工作",所以将注意力集中到"在家工作"行,$N(\text{在家工作})=1\,296$,且 $N(\text{男性且在家工作})=464$,再应用条件概率法则。

解　(1) 设 $E=\text{"男性"}$,$F=\text{"在家工作"}$,则 $N(E)=1\,819$,$N(E\cap F)=464$,代入

式(1.1.6)中,得

$$P(F \mid E) = \frac{N(E \cap F)}{N(E)} = \frac{464}{1\,819} \approx 0.255$$

因此,随机选一个人,在知道他是男性的条件下,他恰好在家工作的概率为25.5%。

(2) 设 E、F 的意义如上,$N(F) = 1\,296$,$N(E \cap F) = 464$,则由式(1.1.6) 得

$$P(E \mid F) = \frac{N(E \cap F)}{N(F)} = \frac{464}{1\,296} \approx 0.358$$

因此,随机选一个人,在知道此人在家工作的条件下,此人恰为男性的概率为35.8%。

定义 1.1.5(独立事件) 如果在一个随机试验中,事件 E 发生与否并不影响事件 F 发生的概率,则称两事件 E 与 F 是独立的,否则称两个事件是依赖的。

注记 (1) 两个事件 E 与 F 是独立的,当且仅当 $P(F \mid E) = P(F)$ 或 $P(E \mid F) = P(E)$,且 $P(E \cap F) = P(E) \cdot P(F)$。

(2) 两个事件是独立的与两个事件是互斥的完全不同。例如,$E=$"天空中无云",$F=$"天在下雨",易知事件 E 与事件 F 是互斥的,但因为 $P(F) \neq P(F \mid E)$,知 E 与 F 不是独立的。

由乘法法则、式(1.1.7)及注记(1)可知,如果事件 E 与 F 相互独立,则有

$$P(E \cap F) = P(E) \cdot P(F) \tag{1.1.8}$$

进一步地,如果 $A_1, A_2, \cdots, A_n$ 为 n 个相互独立的事件,则有

$$P\left(\bigcap_{i=1}^{n} A_i\right) = P(A_1) \cdot P(A_2) \cdot \cdots \cdot P(A_n) \tag{1.1.9}$$

例 1.1.11(继续上市的概率) 根据近10年的统计数据推断,在上海证券交易所上市的公司股票中,随机选出一只股票,在未来的一年中,这只股票持续上市的概率为99.7%,如果随机地选出两只股票,求:

(1) 在未来一年内这两只股票持续上市的概率;

(2) 两只股票至少有一只持续上市的概率。

分析 一般情况下一支股票是否退市与另一只股票是否退市是独立的。

解 (1) 设 $A_i=$"随机选的第 i 支股票在未来1年内继续上市"($i=1,2$),则 A_1 与 A_2 相互独立,由式(1.1.8)得

$$P(A_1 \cap A_2) = P(A_1) \cdot P(A_2)$$
$$= 0.997 \times 0.997$$
$$\approx 0.994$$

因此,有99.4%的可能性,这两支股票在未来一年内持续上市。

(2) $$P(A_1 \cup A_2) = P(A_1) + P(A_2) - P(A_1 \cap A_2)$$
$$= 0.997 + 0.997 - 0.994$$
$$= 1$$

因此,两支股票至少有一支持续上市是必然事件,其概率为1。

***例 1.1.12(计算"至少"的概率)** 如例 1.1.11 所示,在上海证券交易所上市的公司股票中,随机地选取一只股票,这只股票在未来1年中持续上市的概率为99.7%。试计算这一交易所上市的1 000支股票中在未来一年中至少有一支股票退市的概率。

分析 直接计算有 P(至少有一只股票退市) $= P$(1 支股票退市) $+ P$(2 支股票退市) $+ \cdots + P$(1 000 支股票退市),其计算十分复杂。但"至少有 1 支股票退市"是"无任何股票退市"的余事件。因此,可用求余法则计算,并注意"第 i 支股票继续上市"与"第 j 支股票继续上市"相互独立$(i \neq j)$。

解 P(至少有一只股票退市)
$= 1 - P$(无任何股票退市)
$= 1 - P$(第 1 支股票存市 $\bigcap$ 第 2 支股票存市 $\bigcap \cdots \bigcap$ 第 1 000 支股票存市)
$= 1 - P$(第 1 支股票存市) $\cdot P$(第 2 支股票存市) $\cdot \cdots \cdot P$(第 1 000 支股票存市)
$= 1 - 0.997^{1\,000}$
$= 0.950\,4$

因此,在证券交易市场的 1 000 支股票中,至少有 1 支股票退市的概率为 95.04%。

思考题:
(1) 叙述独立性的两种方法。
(2) 描述互斥与独立性的差别及联系,并举例。

习题 7 判断事件 E 和 F 是否独立。
(1) E 为 6 月 30 日下雨;F 为 6 月 30 日多云。
(2) E 为汽车车胎没气了;F 为汽油昨天涨价了。
(3) E 为一个人至少生存 80 年;F 为这个人每天抽一包烟。

习题 8 根据统计调查,2017 年在某城市随机选择一人,他的年收入超过 175 000 元的概率是 18.4%;在此城市随机选择一个获得学士学位的人,他的年收入超过 175 000 元的概率是 35%。"年收入超过 175 000 元"和"获得学士学位"两个事件相互独立吗?

习题 9 现有六台手机,已知其中有两个有质量问题不能使用。从中随机选择两台手机,计算两台手机都能使用的概率。

习题 10 如果事件 A 与事件 B 互斥,$P(A) > 0, P(B) > 0$,证明事件 A 与事件 B 非独立。

习题 11 假设在 1 000 件产品中,有 500 件次品,质检员从中随机选出两件产品,计算两件产品均为次品的概率。

习题 12 甲、乙两人同时向一敌机开炮,已知甲击中敌机的概率为 0.6,乙击中敌机的概率为 0.5,应用"加法法则"及"乘法法则"计算敌机被击中的概率。

1.1.3 全概率公式与贝叶斯公式

1. 全概率公式

条件概率表明,一个事件是否发生是有很多原因的,把所有原因列举出来,并且将所有原因对应发生的概率也都列举出来,就得到全概率公式。

定理 1.1.7(全概率公式) 如果事件 $\{B_i\}_{i=1}^n$ 满足 $\Omega = \bigcup_{i=1}^n B_i$,且 $B_i \bigcap B_j = \varnothing (i \neq j)$,$P(B_i) > 0, i = 1, 2, \cdots, n$,且事件 A 为同一样本空间 Ω 中子集,则有

$$P(A) = P(A \mid B_1)P(B_1) + P(A \mid B_2)P(B_2) + \cdots + P(A \mid B_n)P(B_n)$$

(1.1.10)

特别地，当 A、B 为 Ω 中事件且 $P(B) > 0$ 时，则有
$$P(A) = P(A \mid B)P(B) + P(A \mid \bar{B})P(\bar{B})$$

证明 因为 $\Omega = \bigcup_{i=1}^{n} B_i$，且 $B_i \cap B_j = \emptyset (i \neq j)$，$A \subset \Omega$，则有
$$A = A \cap \Omega = \bigcup_{i=1}^{n}(A \cap B_i)$$

且 $(A \cap B_i) \cap (A \cap B_j) = \Phi (i \neq j)$，则由加法公式及乘法公式得
$$P(A) = \sum_{i=1}^{n} P(A \cap B_i)$$
$$= P(A \mid B_1)P(B_1) + P(A \mid B_2)P(B_2) + \cdots + P(A \mid B_n)P(B_n)$$

例 1.1.13 假定已知利率变动 I 及利率不变 $\bar{I}$ 的概率，以及在利率变动 I 及利率不变 $\bar{I}$ 条件下经济变动 R 和经济不变 $\bar{R}$ 的条件概率（表 1.1.4），求经济变动 R 及经济不变 $\bar{R}$ 的概率。

表 1.1.4 利率变动与利率不变的条件概率

利率变动	条件概率
$P(I) = 0.40$	$P(R \mid I) = 0.70$
	$P(\bar{R} \mid I) = 0.30$
$P(\bar{I}) = 0.60$	$P(R \mid \bar{I}) = 0.10$
	$P(\bar{R} \mid \bar{I}) = 0.90$

解 由全概率公式有
$$P(R) = P(R \mid I)P(I) + P(R \mid \bar{I})P(\bar{I})$$
$$= 0.70 \times 0.40 + 0.10 \times 0.60$$
$$= 0.28 + 0.06$$
$$= 0.34$$
$$P(\bar{R}) = P(\bar{R} \mid I)P(I) + P(\bar{R} \mid \bar{I})P(\bar{I})$$
$$= 0.30 \times 0.40 + 0.90 \times 0.60$$
$$= 0.12 + 0.54$$
$$= 0.66$$

***例 1.1.14** 某加工厂接到一笔订单，生产某种零件，以 200 件为一批，假定每批产品中的次品最多不超过 4 件，其概率分布见表 1.1.5。

表 1.1.5 某批产品中次品的概率分布

一批产品中的次品数	0	1	2	3	4
概率	0.1	0.2	0.4	0.2	0.1

为保障产品出厂质量，现进行抽样检验，从每批产品中抽出 10 件进行检验，若发现其中有次品，即认为该批产品不合格。求一批产品通过检验的概率。

解 设事件 B 为"一批产品通过检验"，事件 A_i 为"一批产品中含 i 件次品"（$i = 0, 1, 2, 3, 4$），则有

$$P(A_0) = 0.1, \quad P(B \mid A_0) = 1$$

$$P(A_1) = 0.2, \quad P(B \mid A_1) = \frac{C_{199}^{10}}{C_{200}^{10}} = 0.99$$

$$P(A_2) = 0.4, \quad P(B \mid A_2) = \frac{C_{198}^{10}}{C_{200}^{10}} = 0.902$$

$$P(A_3) = 0.2, \quad P(B \mid A_3) = \frac{C_{197}^{10}}{C_{200}^{10}} = 0.857$$

$$P(A_4) = 0.2, \quad P(B \mid A_4) = \frac{C_{196}^{10}}{C_{200}^{10}} = 0.813$$

因此,由全概率公式得

$$P(B) = \sum_{i=0}^{4} P(A_i) P(B \mid A_i)$$
$$= 0.1 \times 1 + 0.2 \times 0.99 + 0.4 \times 0.902 + 0.2 \times 0.857 + 0.2 \times 0.813$$
$$= 0.993$$

习题 13 设晚上"去看电影"为事件 A,"不去看电影"为事件 $\overline{A}$;"加班"为事件 B,"不加班"为事件 $\overline{B}$。若加班与否概率及条件概率见表1.1.6,求"去看电影"和"不去看电影"的概率 $P(A)$ 和 $P(\overline{A})$。

表1.1.6 加班与否概率及条件概率

加班与否概率	条件概率
$P(B) = 0.30$	$P(A \mid B) = 0.60$
	$P(\overline{A} \mid B) = 0.40$
$P(\overline{B}) = 0.70$	$P(A \mid \overline{B}) = 0.80$
	$P(\overline{A} \mid \overline{B}) = 0.20$

2. 贝叶斯公式

在进行投资时,常常基于已有的经验和知识进行判断,提出一些看法,这些看法往往会根据新的经验和知识进行修正和确证。贝叶斯公式描述了出现新信息时如何调整当前的看法。在投资决策和其他很多商业领域中,包括公共基金业绩评估,贝叶斯公式都有广泛的应用。

定理1.1.8(贝叶斯公式) 设 A、$\{B_i\}_{i=1}^n$ 为样本空间 Ω 中的事件,$P(A) > 0$,$P(B_i) > 0 (i = 1, 2, \cdots, n)$,且 $B_i \cap B_j = \varnothing (i \neq j)$,$\Omega = \bigcup_{i=1}^{n} B_n$,那么

$$P(B_i \mid A) = \frac{P(A \mid B_i) P(B_i)}{\sum_{i=1}^{n} P(A \mid B_i) P(B_i)} \tag{1.1.11}$$

特别地,当 A、B 为 Ω 中的事件,且 $P(A) > 0, P(B) > 0$ 时,有

$$P(B \mid A) = \frac{P(A \mid B) P(B)}{P(A \mid B) P(B) + P(A \mid \overline{B}) P(\overline{B})}$$

证明 对 B_i 与 A 应用乘法法则$(i = 1, 2, \cdots, n)$,有

$$P(B_i \bigcap A) = P(B_i \mid A)P(A) = P(A \mid B_i)P(B_i)$$

由上式中后一个等式,有

$$P(B_i \mid A) = \frac{P(A \mid B_i)P(B_i)}{P(A)} \qquad (1.1.12)$$

应用全概率公式,有

$$P(A) = P(A \mid B_1)P(B_1) + P(A \mid B_2)P(B_2) + \cdots + P(A \mid B_n)P(B_n)$$
$$= \sum_{i=1}^{n} P(A \mid B_i)P(B_i)$$

将上式代入式(1.1.12),得到式(1.1.11)。

例 1.1.15 某病发病的概率为 30%,不发病的概率为 70%。现有一种快速诊断仪,如果人真的患病,机器能测出来的概率是 0.8,机器没有测出来的概率是 0.2;如果人没有患病,机器检测出其有病的概率是 0.1,没病的概率是 0.9。如果机器测出某人患病,则该人真的患病的概率是多少?

解 将给定条件填入表 1.1.7。

表1.1.7 例 1.1.15 概率分布表

概率	机器测出有病	机器测出无病
(有病)(0.3)	0.8	0.2
(无病)(0.7)	0.1	0.9

引入记号 A 表示测出有病,$\overline{A}$ 表示测出无病;B 表示真的有病;$\overline{B}$ 表示真的无病。则有

$$\begin{aligned} P(B \mid A) &= \frac{P(A \mid B)P(B)}{P(A \mid B)P(B) + P(A \mid \overline{B})P(\overline{B})} \\ &= \frac{0.8 \times 0.3}{0.8 \times 0.3 + 0.1 \times 0.7} \\ &= \frac{0.24}{0.24 + 0.07} \\ &= 0.77 \end{aligned}$$

例 1.1.16 办公室来了一位新同事张三,由于人们对其一无所知,因此认为张三是好人或坏人的概率各为 0.5。有一天,张三被发现做了一件坏事。通常认为好人做坏事是小概率事件,如概率 0.05;而坏人做坏事的概率极大,如概率 0.99。求张三真的是坏人的概率。

解 引入记号 A 表示好人,$\overline{A}$ 表示坏人;B 表示好事;$\overline{B}$ 表示坏事。则由题意知

$$P(A) = P(\overline{A}) = \frac{1}{2}$$
$$P(\overline{B} \mid A) = 0.05$$
$$P(\overline{B} \mid \overline{A}) = 0.99$$

则有

$$P(\overline{A} \mid \overline{B}) = \frac{P(\overline{B} \mid \overline{A}) \cdot P(\overline{A})}{P(\overline{B} \mid \overline{A}) \cdot P(\overline{A}) + P(\overline{B} \mid A) \cdot P(A)}$$

$$= \frac{0.99 \times 0.5}{0.99 \times 0.5 + 0.05 \times 0.5}$$

$$= \frac{0.495}{0.495 + 0.025}$$

$$\approx 0.9519$$

习题 14 如例 1.1.16 所述，如果李四认为好人从来不做坏事，而坏人肯定做坏事，那么张三被李四冤枉是坏人的概率是多少？

1.2 随机变量及其概率分布

学习目标：
- 理解随机变量
- 理解离散型随机变量及其概率分布密度矩阵
- 理解连续型随机变量及其概率分布密度函数

随机变量是指一个由随机机制所产生的数量，是随机试验结果的数量描述。

定义 1.2.1 随机变量就是定义在样本空间 Ω 上、取值为实数的函数，且函数值以相应的概率来确定。

随机变量用大写字母 X、Y、Z 等表示。

如果随机试验是掷一枚骰子，样本空间为

$$\Omega = \{\omega_1, \omega_2, \omega_3, \omega_4, \omega_5, \omega_6\}$$

式中，ω_i 为出现 i 点 $(i=1,2,\cdots,6)$。

定义

$$X(\omega_i) = i, \quad i = 1, 2, \cdots, 6$$

如果骰子是均匀的，则有

$$P(X=i) = P(\omega_i) = \frac{1}{6}, \quad i = 1, 2, \cdots, 6$$

如果试验结果是分类的，则可以对结果任意分配一个数值，以示区分。例如，观测一只股票价格在下一个交易日的变化情况，样本空间为

$$\Omega = \{\omega_1, \omega_2\}$$

式中，$\omega_1 = $ 上升；$\omega_2 = $ 下降。

定义

$$Y(\omega_i) = \begin{cases} 1, & i = 1 \\ 0, & i = 2 \end{cases}$$

则 $p = P(Y=1)$ 表示股价"上升"的概率。$P(Y=0) = 1 - p$，$p \in (0,1)$。

例 1.2.1 抛两枚骰子，观察两个骰子点数和。

(1) 写出样本空间 Ω；

(2) 定义 Ω 上随机变量 X；

(3) 计算 X 取 $K(2 \leqslant K \leqslant 12)$ 的概率。

分析 构成 Ω 如下：

	1	2	3	4	5	6
1	(1,1)	(1,2)	(1,3)	(1,4)	(1,5)	(1,6)
2	(2,1)	(2,2)	(2,3)	(2,4)	(2,5)	(2,6)
3	(3,1)	(3,2)	(3,3)	(3,4)	(3,5)	(3,6)
4	(4,1)	(4,2)	(4,3)	(4,4)	(4,5)	(4,6)
5	(5,1)	(5,2)	(5,3)	(5,4)	(5,5)	(5,6)
6	(6,1)	(6,2)	(6,3)	(6,4)	(6,5)	(6,6)

解 (1) $\Omega = \{(i,j) \mid 1 \leqslant i,j \leqslant 6\}$ 共 36 个基本事件。

(2) 定义 $X(i,j) = i + j (1 \leqslant i,j \leqslant 6)$。

(3)
$$P(X=2) = \frac{1}{36}, \quad P(X=3) = \frac{2}{36} = \frac{1}{18}$$

$$P(X=4) = \frac{3}{36} = \frac{1}{12}, \quad P(X=5) = \frac{4}{36} = \frac{1}{9}$$

$$P(X=6) = \frac{5}{36}, \quad P(X=7) = \frac{6}{36} = \frac{1}{6}$$

$$P(X=8) = \frac{5}{36}, \quad P(X=9) = \frac{1}{9}, \quad P(X=10) = \frac{1}{12}$$

$$P(X=11) = \frac{1}{18}, \quad P(X=12) = \frac{1}{36}$$

习题 1 抛两枚均匀硬币，写出样本空间，定义描述结果的随机变量。

根据取值方式的不同，随机变量分别为离散型随机变量与连续型随机变量。

定义 1.2.2 (1) 如果随机变量 X 可能取得的值为有限个或可数无穷个（即从 1 开始，可以一直数下去），则称随机变量 X 为离散型随机变量。

(2) 如果一个随机变量 X 可能取得的值为不可数无穷个或充满区间，且 X 取单点值的概率为零，则 X 称为连续型随机变量。

概率分布是对随机变量的可能取值及其发生概率的描述，可以用概率定义的三种方法中任意一种来构建概率分布。

首先，如果已知理论上随机变量取每个数值的概率，就可以定义概率分布。例如，掷两枚骰子，每种结果的概率等于掷出结果的次数除以所有结果（基本事件）的总数（图 1.2.1）。

其次，可以根据经验数据计算频率，从而构建概率分布。图 1.2.2 所示为基于西雅图天气数据（图 1.1.1）的 1 月天气分布。因为这类分布基于样本数据，所以称为经验概率分布，是对随机变量概率分布的近似估计。

最后，可以根据主观判断和专家建议得到此概率分布，这常在没有历史数据的情况下使用。图 1.2.3 所示为专家预测明年道琼斯指数变化的主观概率分布。

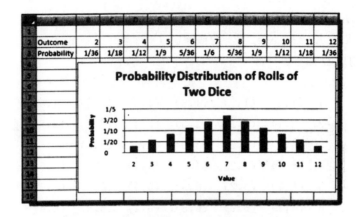

图 1.2.1　掷两骰子的概率分布

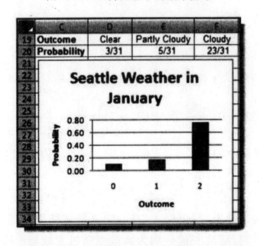

图 1.2.2　西雅图天气的经验概率分布

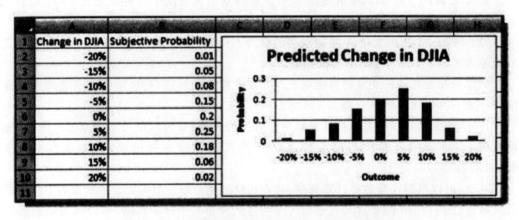

图 1.2.3　专家预测明年道琼斯指数变化的主观概率分布

1.2.1　离散型随机变量的概率分布

因为离散型随机变量是以一定概率取得的一切可能值(有限或可数无穷个)，所以可引入概率分布对其刻画。

离散型随机变量的概率分布可用矩阵图表、图形或数学公式表示。

设 $x_1, x_2, \cdots, x_n$ 为离散随机变量 X 所有可能的取值,这里 n 为正整数或 ∞,设 $p_k = P(X = x_k)$ 为随机变量 X 取值 x_k 的概率,则一定有

$$\sum_{k=1}^{n} p_k = p_1 + p_2 + \cdots + p_n = 1$$
$$0 \leqslant p_k \leqslant 1, \quad k = 1, 2, \cdots, n$$

此时,称矩阵

$$\begin{bmatrix} x_1 & x_2 & \cdots & x_n \\ p_1 & p_2 & \cdots & p_n \end{bmatrix} \tag{1.2.1}$$

为离散随机变量 X 的概率分布的密度矩阵,又称离散型概率分布。

随机变量 X 的累积分布函数 $F(x)$ 简称分布函数,描述的是 $X \leqslant x$ 的概率,即

$$F(x) = P(X \leqslant x) \tag{1.2.2}$$

由 X 的密度矩阵式(1.2.1)可得

$$F(x) = \sum_{k, x_k \leqslant x} p_k \tag{1.2.3}$$

习题 2 掷两枚骰子,定义随机变量 X,见例 1.2.1,掷骰子的累积分布函数如图 1.2.4 所示。

(1) 写出 X 的概率分布的密度矩阵;
(2) 求出 $F(6) = P(X \leqslant 6)$ 的值,即 $X \leqslant 6$ 的概率;
(3) 求出概率 $P(4 \leqslant X \leqslant 8)$。

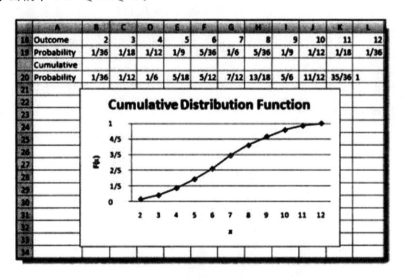

图 1.2.4 掷骰子的累积分布函数

例 1.2.2 构造概率直方图。

调查研究中,问一个主管其下属是否经常有公民行为(简单说,指在工作中帮助别人),调查问卷见表 1.2.1。

表1.2.1 下属是否经常有公民行为的调查问卷

你的下属会不会帮助身边的同事	绝对会	一般会	偶尔会	一般不会	绝对不会
赋值	1	2	3	4	5

假设访问120个主管后,数据收集见表1.2.2,求概率分布的密度矩阵并构造概率直分图。

表1.2.2 120个主管的调查问卷数据收集

答案(x)	描述	频数
1	绝对会	35
2	一般会	47
3	偶尔会	20
4	一般不会	15
5	绝对不会	3
总计	—	$N=120$

解 (1) 求概率分布的密度矩阵。

$$\begin{pmatrix} 1 & 2 & 3 & 4 & 5 \\ 0.292 & 0.392 & 0.167 & 0.125 & 0.025 \end{pmatrix}$$

其中

$$\begin{cases} \dfrac{35}{120}=0.29166667\approx 0.292 \\ \dfrac{47}{120}=0.39166667\approx 0.392 \\ \dfrac{20}{120}=0.16666667\approx 0.167 \\ \dfrac{15}{120}=0.125 \\ \dfrac{3}{120}=0.025 \end{cases}$$

(2) 构造概率直方图(图1.2.5)。

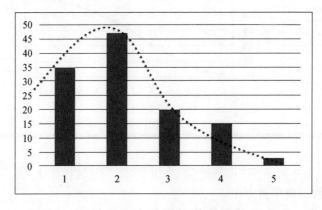

图1.2.5 概率直方图

习题 3 假如某学院办公室共有 20 台电脑,每台电脑已运行的年数见表 1.2.3,求其平均运行年数。设 X 为任选一台电脑它已运行的年数,则 X 为随机变量,求其概率分布。

表 1.2.3 20 台电脑运行年数

2	4	3	2	1	5	2	1	4	3
4	2	3	2	1	5	4	3	2	4

例 1.2.3 计算离散随机变量的概率分布。

投掷一枚不均匀的硬币,设出现正面(H)的概率为 $\frac{1}{3}$,出现反面(T)的概率为 $\frac{2}{3}$。连续投掷 4 次。令 X 表示出现正面(H)的次数,求随机变量 X 的概率分布。

分析 画树形图,从 1 点出发,出现正面(H)向上的概率为 p,出现反面(T)向上的概率为 $1-p$(图 1.2.6)。

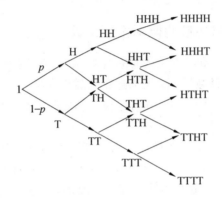

图 1.2.6 例 1.2.3 树形图

由乘法原理、加法原理可得

$$\begin{cases} P(X=4)=P^4 \\ P(X=3)=4P^3(1-P) \\ P(X=2)=6P^2(1-P) \\ P(X=1)=4P(1-P)^3 \\ P(X=0)=(1-P)^4 \end{cases}$$

概率系数满足杨辉三角形,如图 1.2.7 所示($n=4$ 时),可依次对 $n=5,6,\cdots$ 计算下去。

解 设 X 为抛掷 4 次出现正面的次数,取值为 $0,1,2,3,4$ 共五个值。

概率分布的密度矩阵为

$$\begin{pmatrix} 0 & 1 & 2 & 3 & 4 \\ p^4 & 4p^3(1-p) & 6p^2(1-p)^2 & 4p(1-p)^3 & (1-p)^4 \end{pmatrix}$$

验证:

$$p^4+4p^3(1-p)+6p^2(1-p)2+3p(1-p)^3+(1-p)^4$$
$$=[p+(1-p)]^4 \quad (二项式公式)$$
$$=1$$

且每一个 p_i 满足 $0 \leqslant p_i \leqslant 1(i=0,1,\cdots,4)$,故上述矩阵为概率分布的密度矩阵。

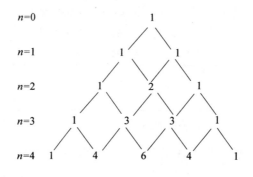

图 1.2.7　杨辉三角形

习题 4　有这样一只股票,设其出现价格上涨(H)的概率为 p,出现价格下跌(T)的概率为 $1-p$。求该股票价格在下三个交易日的概率分布。

1.2.2　连续型随机变量的概率密度函数

为计算连续型随机变量取值于某区间的概率,需要使用概率密度函数。

定义 1.2.3(概率密度函数)　设 X 为连续型随机变量,$f(x)$ 为非负函数,如果 $f(x)$ 在 X 所有可能取值的集合(区间)上,且图像与 x 轴之间图形的面积为 1,则称 $f(x)$ 为 X 的概率密度函数。

对于 $x \in \mathbf{R}$,在小于 x 的随机变量 X 所有可能取值的集合上,图像与 x 轴之间图形的面积记为 $P(X<x)$,称为事件 X 小于 x 的概率(图 1.2.8),且 $F(x)=P(X<x)$,$x \in \mathbf{R}$ 称为 X 的分布函数。此时,称分布函数 F 是连续型的,或称 X 的概率分布是连续型的。

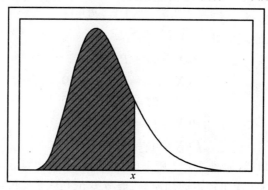

图 1.2.8　$P(X<x)$ 为密度函数 $f(x)$ 图像与 x 轴之间小于 x 部分的面积

随机变量 X 的概率密度为 $P(x)$,概率 $P(a \leqslant X \leqslant b)$ 等于区间 $[a,b]$ 与 $f(x)$ 及 x 轴围成的曲边梯形的面积(图 1.2.9),即

$$P(a \leqslant X \leqslant b) = \int_a^b f(x)\mathrm{d}x$$
$$= \int_{-\infty}^b f(x)\mathrm{d}x - \int_{-\infty}^a f(x)\mathrm{d}x$$
$$= F(b) - F(a)$$

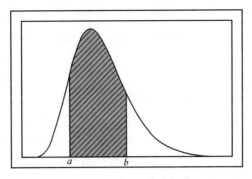

图 1.2.9　面积作为概率

最简单的连续型概率分布为均匀分布。

定义 1.2.4　设 $a<b$，称以

$$f(x)=\begin{cases}\dfrac{1}{b-a}, & a<x<b \\ 0, & \text{其他}\end{cases}$$

为密度的概率分布(图 1.2.10)为 (a,b) 区间上的均匀分布，记为 $U(a,b)$。

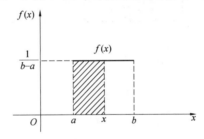

图 1.2.10　$U(a,b)$ 的密度函数 $f(x)$ 与概率 $P(X<x)$

若随机变量 X 的概率分布为 $U(a,b)$，则称 X 服从 $U(a,b)$，简记为 $X\sim U(a,b)$。

分布函数为

$$F(x)=P(X<x)=\begin{cases}0, & x\leqslant a \\ \dfrac{x-a}{b-a}, & a<x<b \\ 1, & x\geqslant b\end{cases}$$

于是 $F(x)$ 的图像如图 1.2.11 所示。

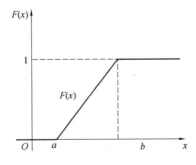

图 1.2.11　$F(x)$ 的图像

例 1.2.4 运用均匀分布计算概率。

机场大巴从早上 7:00 起每 30 min 发一趟车。设随机变量 X(单位:min) 表示等待机场大巴的时间,则 $0 \leqslant X \leqslant 30$。

(1) 求证 $X \sim U(0, 30)$;

(2) 求等待时间在 $10 \sim 15$ min 的概率 $P(10 \leqslant X < 15)$。

分析 因为随机变量 X 在 $0 \sim 30$ 范围内任一分钟取值是等可能的,所以由此求出 X 的密度函数 $f(x)$,并判定 $X \sim U(0, 30)$。再利用 $f(x)$ 的图像求 $P(10 \leqslant X < 15)$。

解 (1) 因为 X 在 $[0, 30]$ 内任一分钟取值的概率相等,所以概率密度函数与 x 轴围成面积为 1 的矩形(图 1.2.12)。

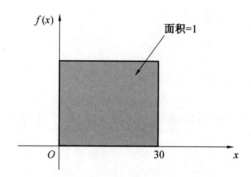

图 1.2.12 密度函数 $f(x)$

因此, $f(x) \times 30 = 1 (0 < x < 30)$,从而

$$f(x) = \frac{1}{30}, \quad 0 < x < 30$$

扩充定义

$$f(x) = \begin{cases} 0, & x \leqslant 0 \\ \dfrac{1}{30}, & 0 < x < 30 \\ 0, & x \geqslant 30 \end{cases}$$

X 的密度函数为 $f(x)$,因此 $X \sim U(0, 30)$。

(2) 画出 X 的密度函数 $f(x)$ 的图像(图 1.2.13),于是有

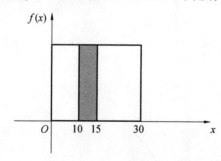

图 1.2.13 计算 $P(10 \leqslant X < 15)$

$$P(10 \leqslant x < 15) = \frac{1}{30} \times (15-10) = \frac{1}{6}$$

习题 5(运用均匀分布计算概率) 假设某个新公司在其未来经营的整个时间中,在任意年数内$((x, x+1])$破产是等可能的。并且假设该新公司最多不能经营超过 100 年。求:

(1) 该新公司经营年数的密度函数;

(2) 该新公司经营年数不到 50 年的概率;

(3) 该新公司经营年数超过 80 年的概率;

(4) 该新公司经营年数在 60~70 年的概率。

1.3 随机变量的期望、方差及协方差

学习目标:
- 理解风险的含义
- 理解期望和方差的计算
- 理解多个随机变量的协方差以及相应的计算
- 可以应用相关知识解决实际问题。

1.3.1 风险与期望收益

风险是未来发生消极结果的可能性,源于不确定性。对投资而言,投资结果的波动性越大,风险就越大,或者说投资结果对"平均值"的偏离越大,风险就越大。

在应用经济学里,通常用"随机变量"来描述未来具有不确定性的过程或事件,将不确定性事件的各种结果用随机变量所取的不同值来表示,而随机变量取这些值的概率自然就是上述结果的可能性大小了。

投资过程的收益显然常常是不能确定的。因此,随机变量非常适合用来描述投资的结果。投资的平均收益或期望收益是可以确定的,这也正是随机变量的"期望"这一数字特征,其刻画了随机变量取值的"中心趋势"。而随机变量的"方差"表现的是随机变量的取值对其期望值(平均值)的偏离程度,因此投资过程或投资项目的风险可以用随机变量的方差这一数字特征来表现。

1. **期望** $\mu_X = E(X)$ **与方差** $\sigma_X^2 = \text{var}(X)$

定义 1.3.1(离散型随机变量的期望) 如果用 X 表示离散型随机变量,其概率密度矩阵为

$$\begin{bmatrix} x_1 & x_2 & \cdots & x_n \\ p_1 & p_2 & \cdots & p_n \end{bmatrix} \quad (1.3.1)$$

式中,p_i 为随机变量取值 x_i 的概率,$p_i = P(X = x_i)$,$n < \infty$ 或 $n = \infty$。

如果 $\sum_{i=1}^{n} |x_i| p_i < \infty$,则称

$$\mu_X = E(X) = \sum_{i=1}^{n} x_i p_i$$
$$= \sum_{i=1}^{n} x_i P(X=x_i)$$
(1.3.2)

为随机变量 X 的数学期望或均值。

例 1.3.1 X 表示某运动员通过体能测试的次数，对应的概率见表 1.3.1。证明这是一个概率分布，并求相应均值。

表 1.3.1　某运动员通过体能测试的次数对应的概率

k	$P(X=k)$
0	0.059
1	0.102
2	0.158
3	0.681

证明　X 所有可能取值为 $0,1,2,3$，$0 < P(X=k) < 1$，$k=0,1,2,3$，而且
$$\sum_{k=0}^{3} P(X=k) = 0.059 + 0.102 + 0.158 + 0.681 = 1$$

因此
$$\begin{pmatrix} 0 & 1 & 2 & 3 \\ 0.059 & 0.102 & 0.158 & 0.681 \end{pmatrix}$$

由概率分布求均值见表 1.3.2，由表 1.3.2 有
$$\mu_X = 0 + 0.102 + 0.316 + 2.043 = 2.461$$

表 1.3.2　由概率分布求均值

k	$P(X=k)$	$k \cdot P(X=k)$
0	0.059	0
1	0.102	$1 \times 0.102 = 0.102$
2	0.158	$2 \times 0.158 = 0.316$
3	0.681	$3 \times 0.681 = 2.043$

例 1.3.2(X 的概率密度矩阵)　一项人寿保单规定，若被保险人死亡，将给付受益人一定数额的保险金，且在被保险人死亡所处的年度末支付。假设一家人寿保险公司以 200 元保费的价格卖出一份被保险人为一位 40 周岁男性、保期为 1 年、保险金为 60 000 元的保单。根据当年的生命表，40 周岁男士在这一年生存的概率为 0.997。计算保险公司对该保单的期望值。

分析　这项随机试验中有两个结果：生存或死亡。设随机变量 X 表示当被保险人生存或死亡时所得到或支付的钱数。给出该变量的概率分布，并代入式(1.3.2)计算 $E(X)$。

解　由题中条件可知，$P(生存) = 0.997$，$P(死亡) = 1 - P(生存) = 0.003$。

从保险公司的角度看，被保险人当年生存，则获得 200 元；当年死亡，保险公司支付给

受益人保险金 60 000 元,但获得 200 元保费,共支付 $x=60\,000-200=59\,800$(元),计为 $-59\,800$ 元。因此,随机变量 X 的概率分布见表 1.3.3。

表1.3.3　X 的概率分布(例 1.3.2)

x_i	$P(X=x_i)$
200	0.997
$-59\,800$	0.003

则 X 的期望值为

$$E(X)=\sum_{i=1}^{2}x_iP(X=x_i)$$
$$=200\times 0.997+(-59\,800)\times 0.003$$
$$=20(\text{元})$$

注记　保险公司对每卖出一份保险金为 60 000 元、保期为 1 年、被保险人为 40 周岁男性且保费为 200 元的保单的期望值为 20 元。保险公司的 20 元的收益是一个长期结果,不意味着每卖出一份这样的保单的收益是 20 元,而是指当大量卖出这样的保单时,平均每个保单的收益为 20 元。

例 1.3.3　一批零件中有十个合格品与两个废品,安装机器时从这批零件中任取一个,如果取出的是废品就不再放回,求在取得合格品以前已经取出废品数的数学期望。

解　设用 X 表示在取得合格品以前已经取出的废品数,$A_i=$"第 i 次取得合格品",$i=1,2,3$,由已知条件知,X 的所有可能取值为 $0,1,2$,则有

$$P(X=0)=P(A_1)=\frac{10}{12}=\frac{5}{6}$$

$$P(X=1)=P(\overline{A_1}A_2)=P(\overline{A_1})P(A_2\mid\overline{A_1})=\frac{2}{12}\times\frac{10}{11}=\frac{5}{33}$$

$$P(X=2)=P(\overline{A_1}\,\overline{A_2}A_3)=P(\overline{A_1})P(\overline{A_2}\mid\overline{A_1})P(A_3\mid\overline{A_1}\,\overline{A_2})=\frac{2}{12}\times\frac{1}{11}\times 1=\frac{1}{66}$$

X 的概率分布见表 1.3.4。

表1.3.4　X 的概率分布(例 1.3.3)

X	0	1	2
p	$\frac{5}{6}$	$\frac{5}{33}$	$\frac{1}{66}$

因此,期望为

$$E(X)=\sum_{k=0}^{2}x_kp_k$$
$$=0\times\frac{5}{6}+1\times\frac{5}{33}+2\times\frac{1}{66}$$
$$=\frac{2}{11}$$

定义 1.3.2(离散型随机变量的方差)　在定义 1.3.1 的条件及记号下,如果 X 的均

值 μ_X 存在,则称
$$\sigma_X^2 = \text{var}(X) = E[(X-E(X))^2]$$
$$= \sum_{i=1}^{n}(x_i - \mu_X)^2 P_i$$

为 X 的方差,而称 $\sigma_X = \sqrt{\text{var}(X)}$ 为 X 的标准差。

例 1.3.4 计算例 1.3.1 中表 1.3.2 表示的离散型随机变量 X 的方差与标准差。

解 由例 1.3.1 知 $\mu_X = 2.46$,计算可得表 1.3.5。

表1.3.5 X 的方差计算表

x_i	$P(X=x_i)$	$(x_i - \mu_X)^2 P(X=x_i)$
0	0.059	$(0-2.46)^2 \times 0.059 = 0.357$
1	0.102	$(1-2.46)^2 \times 0.102 = 0.217$
2	0.158	$(2-2.46)^2 \times 0.158 = 0.033$
3	0.681	$(3-2.46)^2 \times 0.681 = 0.199$

X 的方差为
$$\sigma_X^2 = \sum_{i=1}^{4}(x_i - \mu_X)^2 P(X=x_i) = 0.806$$

X 的标准差为
$$\sigma_X = \sqrt{\sigma_X^2} = \sqrt{0.806} \approx 0.9$$

***例 1.3.5** 由甲、乙两显像管厂生产同一种规格的显像管,其使用寿命(h)的概率分布见表 1.3.6 和表 1.3.7(X 表示甲厂生产的显像管的使用寿命,Y 表示乙厂生产的显像管的使用寿命)。试比较甲、乙两厂显像管的质量。

表1.3.6 甲厂生产的显像管的使用寿命(h)与概率分布

X/h	8 000	9 000	10 000	11 000	12 000
P	0.1	0.2	0.4	0.2	0.1

表1.3.7 乙厂生产的显像管的使用寿命(h)与概率分布

Y/h	8 000	9 000	10 000	11 000	12 000
P	0.2	0.2	0.2	0.2	0.2

解 由表可知
$E(X) = 8\,000 \times 0.1 + 9\,000 \times 0.2 + 10\,000 \times 0.4 + 11\,000 \times 0.2 + 12\,000 \times 0.1$
$= 10\,000(\text{h})$
$E(Y) = 8\,000 \times 0.2 + 9\,000 \times 0.2 + 10\,000 \times 0.2 + 11\,000 \times 0.2 + 12\,000 \times 0.2$
$= 10\,000(\text{h})$

结果表明,甲、乙两厂的显像管的平均使用寿命相等。那么这是否说明两厂所产的显像管的质量完全相同呢?

通过进一步分析题设数据会发现,甲厂40%的显像管的使用寿命为 10 000 h,使用寿命在 9 000～11 000 h 范围内的占了80%,使用寿命与均值偏离较小,质量比较稳定;而乙厂仅20%的显像管使用寿命为10 000 h,使用寿命在9 000～11 000 h范围内的占了60%,使用寿命分布比较分散,与均值偏离较大,质量不够稳定。

由此可见,比较产品质量的优劣,只了解其均值还不够,还必须了解它们的取值与均值之间的偏离程度,即数据的方差。则有

$$D(X) = (8\,000 - 10\,000)^2 \times 0.1 + (9\,000 - 10\,000)^2 \times 0.2 + \\ (10\,000 - 10\,000)^2 \times 0.4 + (11\,000 - 10\,000)^2 \times 0.2 + \\ (12\,000 - 10\,000)^2 \times 0.1 \\ = 1\,200\,000$$

$$D(Y) = (8\,000 - 10\,000)^2 \times 0.2 + (9\,000 - 10\,000)^2 \times 0.2 + (10\,000 - 10\,000)^2 \times \\ 0.2 + (11\,000 - 10\,000)^2 \times 0.2 + (12\,000 - 10\,000)^2 \times 0.2 \\ = 2\,000\,000$$

由于$D(X) < D(Y)$,因此甲厂显像管的质量比乙厂显像管的质量稳定。

***例1.3.6** 某品牌汽车4S店对最近1 000位采用分期付款的购车者进行统计,统计资料见表1.3.8。已知分9期付款的频率为0.2。4S店经销一辆该品牌的汽车,顾客分3期付款,其利润为2万元;分6期或9期付款,其利润为3万元;分12期或15期付款,其利润为4万元。用η表示售出一辆汽车的利润。

表1.3.8　1 000位分期付款购车者的统计资料

付款方式	分3期	分6期	分9期	分12期	分15期
频数	400	200	a	100	b

(1) 求表1.3.8中的a和b;

(2) 若以频率为概率,求事件A"购买该品牌汽车的3位顾客中,至多有1位采用分9期付款"的概率$P(A)$;

(3) 求η的分布列及均值$E(\eta)$。

分析 (1) 根据统计数据和频率的计算公式可以直接求出a、b。

(2) 事件A是一个独立重复试验,包含两个互斥事件——"没有顾客分9期付款"与"只有1位顾客分9期付款"。因此,根据题意将频率替换概率进行求解。

(3) 顾客选择分期付款的期数只能是3期、6期、9期、12期、15期,根据题意得到付款期数和利润的关系,然后合并利润相同的事件,确定η的取值,求出相应的概率,得到η的分布列和期望。

解 (1) 由$\dfrac{a}{1\,000} = 0.2$,得$a = 200$。又有$40 + 20 + a + 10 + b = 100$,则$b = 10$。

(2) 记分期付款的期数为ξ,依题意得

$$P(\xi = 3) = \frac{400}{1\,000} = 0.4$$

$$P(\xi = 6) = \frac{200}{1\,000} = 0.2$$

$$P(\xi = 9) = \frac{200}{1\,000} = 0.2$$

$$P(\xi=12)=\frac{100}{1\,000}=0.1$$

$$P(\xi=15)=\frac{100}{1\,000}=0.1$$

则"购买该品牌汽车的 3 位顾客中,至多有 1 位采用分 9 期付款"的概率为

$$P(A)=0.8^3+C_3^1\times 0.2\times(1-0.2)^2=0.896$$

(3) 由题意可知 ξ 只能取值 3、6、9、12、15,且有

$$\xi=3\text{ 时},\eta=2$$
$$\xi=6\text{ 时},\eta=3$$
$$\xi=9\text{ 时},\eta=3$$
$$\xi=12\text{ 时},\eta=4$$
$$\xi=15\text{ 时},\eta=4$$

所以 η 只能取值 2、3、4,则有

$$P(\eta=2)=P(\xi=3)=0.4$$
$$P(\eta=3)=P(\xi=6)+P(\xi=9)=0.4$$
$$P(\eta=4)=P(\xi=12)+P(\xi=15)=0.1+0.1=0.2$$

η 的分布列见表 1.3.9。

表 1.3.9　η 的分布列(例 1.3.6)

η	2	3	4
P	0.4	0.4	0.2

η 的均值为

$$E(\eta)=2\times 0.4+3\times 0.4+4\times 0.2=2.8(\text{万元})$$

定义 1.3.3(连续型随机变量的均值与方差)　X 是连续型随机变量,具有概率密度函数 $f(x)$,即 $f(x)\geqslant 0$ 满足 $\int_{-\infty}^{\infty}f(x)\mathrm{d}x=1$,如果 $\int_{-\infty}^{\infty}xf(x)\mathrm{d}x<\infty$,则称

$$\mu_X=E(X)=\int_{-\infty}^{\infty}xf(x)\mathrm{d}x \tag{1.3.3}$$

为 X 的期望或均值,称

$$\sigma_X^2=\mathrm{var}(X)=E((X-\mu_X)^2)$$
$$=\int_{-\infty}^{\infty}(x-\mu_X)^2 f(x)\mathrm{d}x \tag{1.3.4}$$

为 X 的方差,而称 $\sigma_X=\sqrt{\mathrm{var}(X)}$ 为 X 的标准差。

例 1.3.7　设 $X\sim U(a,b)$,求 μ_X 与 σ_X^2。

解　因为 $X\sim U(a,b)$,所以

$$f(x)=\begin{cases}\dfrac{1}{b-a}, & a<x<b\\ 0, & \text{其他}\end{cases}$$

则有

$$\mu_X = \int_{-\infty}^{\infty} x f(x) \mathrm{d}x = \int_a^b \frac{x}{b-a} \mathrm{d}x$$

$$= \frac{1}{b-a} \times \frac{1}{2} x^2 \Big|_a^b$$

$$= \frac{a+b}{2}$$

$$\sigma_X^2 = \int_{-\infty}^{\infty} (x - \mu_X)^2 f(x) \mathrm{d}x$$

$$= \frac{1}{b-a} \int_a^b \left(x - \frac{a+b}{2}\right)^2 \mathrm{d}x$$

$$= \frac{1}{b-a} \int_a^b \left[x^2 - (a+b)x + \frac{(a+b)^2}{4}\right] \mathrm{d}x$$

$$= \frac{1}{b-a} \left[\frac{1}{3}(b^3 - a^3) - \frac{(a+b)}{2}(b^2 - a^2) + \frac{(a+b)^2(b-a)}{4}\right]$$

$$= \frac{1}{3}(b^2 + ba + a^2) - \frac{(a+b)^2}{2} + \frac{(a+b)^2}{4}$$

$$= \frac{b^2 + ba + a^2}{3} - \frac{a^2 + 2ab + b^2}{4}$$

$$= \frac{(b-a)^2}{12}$$

习题 1 X 表示射击比赛中某运动员命中目标的次数,对应的概率见表 1.3.10,求期望值 μ_X 与方差 σ_X^2。

表 1.3.10　射击比赛中某运动员命中目标次数的概率

k	$P(X=k)$
1	0.15
2	0.20
3	0.30
4	0.35

习题 2　设 $X \sim U(10, 30)$,求期望值 μ_X 与方差 σ_X^2。

习题 3　设某种商品每周的需求量是连续型随机变量 X, $X \sim U(10, 30)$,经销商店进货数量是区间 $[10, 30]$ 中的某一个整数。商店每销售一单位商品可获利 500 元。若供大于求,则剩余的每单位商品带来亏损 100 元;若供不应求,则可从外部调剂供应,此时经调剂的每单位商品仅获利 300 元。为使商店所获利润期望值不少于 9 280 元,试确定最少进货量。

离散型的随机变量"期望"具有如下性质。

(1) 设 $X_1, X_2, \cdots, X_n$ 为满足同一概率分布的随机变量,则有

$$E(X_1 + X_2 + \cdots + X_n) = E(X_1) + E(X_2) + \cdots + E(X_n) = \sum_{i=1}^{n} E(X_i)$$

(2) 若 X 为随机变量,a 为实数,则 $E(aX) = aE(X)$。

2. 协方差 σ_{XY}（或 $\text{Cov}(X,Y)$）与相关系数

当投资中涉及两个以上的投资项目或资产时，总收益就是两个（以上）收益（随机变量）之和。假定每个项目分别投入一个单位的投资，如果记这两个投资项目分别为 X、Y，且它们满足同一概率分布，那么总收益 Z 为

$$Z = X + Y$$

由期望的定义，有

$$\mu_Z = E(Z) = E(X) + E(Y) = \mu_X + \mu_Y$$

而且

$$\begin{aligned}\sigma_Z^2 &= \text{var}(Z) \\ &= E[(Z - E(Z))^2] \\ &= E[(X + Y) - (E(X) + E(Y))^2] \\ &= E[(X - E(X) + Y - E(Y))^2] \\ &= E[X - E(X)]^2 + E[Y - E(Y)]^2 + 2E\{[X - E(X)][Y - E(Y)]\}\end{aligned} \quad (1.3.5)$$

由其中最后一项，引入定义

$$\sigma_{XY} = \text{Cov}(X, Y) = E[(X - E(X))(Y - E(Y))] \quad (1.3.6)$$

称为随机变量 X 与 Y 的协方差。

协方差用来描述的是随机变量的同向性。当两个随机变量的协方差大于零时，说明随机变量偏离其期望值的方向相同；当协方差小于零时，说明随机变量偏离其期望值的方向相反；而当协方差为零时，说明随机变量偏离其期望值的方向彼此无关。

显然，随机变量与其自身的协方差就是方差，协方差的取值范围为 $-\infty \sim \infty$。

由式(1.3.5)及式(1.3.6)，有

$$\sigma_Z^2 = \sigma_X^2 + \sigma_Y^2 + 2\sigma_{XY} \quad (1.3.7)$$

例 1.3.8（给定联合概率函数，计算协方差） 假定两家公司收益率的联合概率分布见表 1.3.11，求 $\sigma_{XY} = \text{Cov}(X, Y)$。

表 1.3.11 联合概率分布（例 1.3.8）

	$X = 20\%$	$X = 16\%$	$X = 10\%$
$Y = 25\%$	0.20		
$Y = 12\%$		0.50	
$Y = 10\%$			0.30

解 X 公司的期望收益率为

$$\mu_X = 0.20 \times 20\% + 0.50 \times 16\% + 0.30 \times 10\% = 15\%$$

Y 公司的期望收益率为

$$\mu_Y = 0.20 \times 25\% + 0.50 \times 12\% + 0.30 \times 10\% = 14\%$$

由表 1.3.12 可得

$$\begin{aligned}\text{Cov}(X, Y) &= 0.2 \times (20\% - 15\%) \times (25\% - 14\%) + \\ &\quad 0.5 \times (16\% - 15\%) \times (12\% - 14\%) + \\ &\quad 0.3 \times (10\% - 15\%) \times (10\% - 14\%) \\ &= 16\%\end{aligned}$$

表1.3.12　两家公司收益率的概率权重乘积

情况	X 对期望偏离	Y 对期望偏离	偏离乘积	联合概率	概率权重乘积
好	20－15	25－14	55	0.20	55×0.2＝11
一般	16－15	12－14	－2	0.50	－2×0.5＝－1
差	10－15	10－14	20	0.30	20×0.3＝6

习题 4（给定联合概率函数，计算协方差）　假定两家公司收益率的联合概率分布见表 1.3.13，求 $\sigma_{XY}=\mathrm{Cov}(X,Y)$。

表1.3.13　联合概率分布（习题 4）

	$X=30\%$	$X=26\%$	$X=15\%$
$Y=25\%$	0.30		
$Y=12\%$		0.50	
$Y=10\%$			0.20

习题 5（给定联合概率函数，计算协方差）　假定两家公司的收益率的联合概率分布见表 1.3.14，求 $\sigma_{XY}=\mathrm{Cov}(X,Y)$。

表1.3.14　联合概率分布（习题 5）

	$X=22\%$	$X=18\%$	$X=15\%$
$Y=23\%$	0.30		
$Y=12\%$		0.50	
$Y=10\%$			0.20

在投资中，两种资产收益的协方差表现的是两种资产关联性风险。例如，投资棉花种植与投资棉纺织业是两种投资，棉花价格上涨导致投资棉花种植的收益提高，但投资棉纺织业的收益则会因棉花价格的上升而下降，这就是两种投资"相关联"的风险。

由定义可知，协方差有如下重要性质。

(1) $\mathrm{Cov}(X,Y)=\mathrm{Cov}(Y,X)$；

(2) $\mathrm{Cov}(aX,bY)=ab\mathrm{Cov}(X,Y)$，其中 a、b 为常数，特别地，$\mathrm{var}(aX)=a^2\mathrm{var}(X)$；

(3) 设 X,Y,Z 为三个随机变量，则 $\mathrm{Cov}(X+Y,Z)=\mathrm{Cov}(X,Z)+\mathrm{Cov}(Y,Z)$。

3. 相关系数 ρ_{XY}

如果有随机变量 X、Y，记其标准差为 σ_X、σ_Y，记二者的协方差为 $\mathrm{Cov}(X,Y)$，则 X 与 Y 的相关系数定义为

$$\rho_{XY}=\frac{\mathrm{Cov}(X,Y)}{\sigma_X\sigma_Y} \tag{1.3.8}$$

ρ_{XY} 也是 Y 与 X 的相关系数，又称标准协方差。

前面已知协方差刻画的是两个随机变量的同向性，那么相关系数度量的是什么呢？相关系数度量的是两个随机变量的"线性关系"。相关系数 $\rho_{XY}\in[-1,1]$。如果 $\rho_{XY}=1$，那么 X 与 Y 具有正的线性关系，如 $Y=aX(a>0)$；如果 $\rho_{XY}=0$，就表示 X 与 Y 不存在线性关系；如果 $\rho_{XY}\in[-1,0)$，那么 X 与 Y 具有负的线性关系；如果 $\rho_{XY}\in(0,1]$，则 X 与 Y 具

有正的线性关系。

习题6 求例1.3.7中 X 与 Y 的相关系数 ρ_{XY}。

1.3.2 系统风险与非系统风险

当投资的资产在两种或两种以上时,投资组合的风险不仅包括这两种(或以上)资产单独的风险,而且还包括二者(或以上)的相关风险。由于由多种资产组成的投资组合是非常普遍的,因此需要对多种资产的投资组合的风险,即多个随机变量的加权和的方差进行研究。

1. 三个随机变量之和的方差

设 X、Y、Z 为随机变量,$W = X + Y + Z$,记

$$X' = X - E(X)$$
$$Y' = Y - E(Y)$$
$$Z' = Z - E(Z)$$
$$W' = W - E(W)$$

由定义有

$$W' = (X + Y + Z) - E(X + Y + Z) \tag{1.3.9}$$

因为

$$E(X + Y + Z) = E(X) + E(Y) + E(Z)$$

将其代入式(1.3.9),经整理得

$$W' = [X - E(X)] + [Y - E(Y)] + [Z - E(Z)] = X' + Y' + Z' \tag{1.3.10}$$

三个数之和的平方公式之一为

$$(A + B + C)^2 = A^2 + B^2 + C^2 + 2AB + 2AC + 2BC$$

与其相关的另一公式为

$$(A + B + C)^2 = AA + AB + AC + BA + BB + BC + CA + CB + CC$$

图1.3.1有助于读者理解并记住后一个公式:A、B、C 分别写在图中长方形的顶部和左边,中间是相应两个值的乘积。$(A + B + C)^2$ 是所有这些乘积的加总。第一个公式可以从第二个公式中稍做变动得来,如以 A^2 代替 $A \cdot A$,以 $2AB$ 代替 $AB + BA$。

	A	B	C
A	AA	AB	AC
B	BA	BB	BC
C	CA	CB	CC

图 1.3.1 $(A + B + C)^2$ 等于正方形中所有乘积的加总

定理1.3.1 设 X、Y、Z 为随机变量,$W = X + Y + Z$,则有

$$\sigma_W^2 = \sigma_X^2 + \sigma_{XY} + \sigma_{XZ} + \sigma_{YX} + \sigma_Y^2 + \sigma_{YZ} + \sigma_{ZX} + \sigma_{ZY} + \sigma_Z^2$$
$$= \sigma_X^2 + \sigma_Y^2 + \sigma_Z^2 + 2\sigma_{XY} + 2\sigma_{YZ} + 2\sigma_{XZ}$$

证明 由 σ_W^2 的定义式(1.3.10)有

$$\sigma_W^2 = E(W')^2 = E(X' + Y' + Z')^2$$

将 X'、Y'、Z' 分别对应图1.3.1中 A、B、C，得
$$(X'+Y'+Z')^2$$
$$=(X')^2+X'Y'+X'Z'+Y'X'+(Y')^2+Y'Z'+Z'X'+Z'Y'+(Z')^2$$
由期望 E 的可加性，有
$$\sigma_W^2=E(X'+Y'+Z')^2$$
$$=E(X')^2+E(X'Y')+E(X'Z')+E(Y'X')+E(Y')^2+$$
$$E(Y'Z')+E(Z'X')+E(Z'Y')+E(Z')^2$$
由于
$$\sigma_X^2=E(X')^2$$
$$\sigma_{XY}=E(X'Y')$$
$$\sigma_{XZ}=E(X'Z')$$
$$\sigma_{YX}=E(Y'X')$$
$$\sigma_Y^2=E(Y')^2$$
$$\sigma_{YZ}=E(Y'Z')$$
$$\sigma_{ZX}=E(Z'X')$$
$$\sigma_{ZY}=E(Z'Y')$$
$$\sigma_Z^2=E(Z')^2$$
因此由 $\sigma_{XY}=\sigma_{YX},\sigma_{XZ}=\sigma_{ZX},\sigma_{YZ}=\sigma_{ZY}$ 得
$$\sigma_W^2=\sigma_X^2+\sigma_{XY}+\sigma_{XZ}+\sigma_{YX}+\sigma_Y^2+\sigma_{YZ}+\sigma_{ZX}+\sigma_{ZY}+\sigma_Z^2$$
$$=\sigma_X^2+\sigma_Y^2+\sigma_Z^2+2\sigma_{XY}+2\sigma_{XZ}+2\sigma_{YZ}$$

2. 三个随机变量加权之和的方差

定理1.3.2 假设 X、Y、Z 是三个随机变量，a、b、c 为三个数字，令
$$W=aX+bY+cZ$$
为 X、Y、Z 的加权之和，则有
$$\text{var}(W)=a^2\text{var}(X)+ab\cdot\text{Cov}(X,Y)+ac\cdot\text{Cov}(X,Z)+ba\cdot\text{Cov}(Y,X)+$$
$$b^2\text{var}(Y)+bc\cdot\text{Cov}(Y,Z)+ca\cdot\text{Cov}(Z,X)+$$
$$cb\cdot\text{Cov}(Z,Y)+c^2\text{var}(Z)$$
即有
$$\sigma_W^2=a^2\sigma_X^2+b^2\sigma_Y^2+c^2\sigma_Z^2+ab\sigma_{XY}+ac\sigma_{XZ}+ba\sigma_{YX}+bc\sigma_{YZ}+ca\sigma_{ZX}+cb\sigma_{ZY}$$
进而有
$$\sigma_W^2=a^2\sigma_X^2+b^2\sigma_Y^2+c^2\sigma_Z^2+2ab\sigma_{XY}+2ac\sigma_{XZ}+2cb\sigma_{ZY}$$

证明 由三个随机变量之和的方差公式(定理1.3.1)得
$$\text{var}(W)=\text{var}(aX+bY+cZ)$$
$$=\text{var}(aX)+\text{var}(bY)+\text{var}(cZ)+\text{Cov}(aX,bY)+\text{Cov}(aX,cZ)+$$
$$\text{Cov}(bY,aX)+\text{Cov}(bY,cZ)+\text{Cov}(cZ,aX)+\text{Cov}(cZ,bY)$$
将常数取出，由协方差和方差性质有
$$\text{var}(W)=a^2\text{var}(X)+b^2\text{var}(Y)+c^2\text{var}(Z)+ab\text{Cov}(X,Y)+ac\text{Cov}(X,Z)+$$
$$ba\text{Cov}(Y,X)+bc\text{Cov}(Y,Z)+ca\text{Cov}(Z,X)+cb\text{Cov}(Z,Y)$$

上述结果可以扩展到 n 个风险资产。

3. n 个随机变量加权之和的方差 —— 系统风险与非系统风险

假定市场有 n 种风险资产,以 $r_1, r_2, \cdots, r_n$ 记这 n 种风险资产的收益率,以 $\mu_i = E(r_i)$、$\sigma_i = \sqrt{\mathrm{var}(r_i)}$ 分别记 r_i 的均值与标准差。分别表示第 i 种资产的期望收益和风险($i = 1, 2, \cdots, n$)。

假定投资者的资金全部投资于这 n 种资产,投资在 i 种资产的份额为 $w_i, i = 1, 2, \cdots, n$。显然,$\sum_{i=1}^{n} w_i = w_1 + w_2 + \cdots + w_n = 1$。$n$ 维向量 $w = (w_1, w_2, \cdots, w_n)$ 称为投资组合。投资组合的收益率为

$$r_w = w_1 r_1 + w_2 r_2 + \cdots + w_n r_n = \sum_{i=1}^{n} w_i r_i$$

投资组合 w 的期望收益为

$$\begin{aligned}\mu_w &= E(r_w) \\ &= w_1 E(r_1) + w_2 E(r_2) + \cdots + w_n E(r_n) \\ &= \sum_{i=1}^{n} w_i \mu_i\end{aligned} \quad (1.3.11)$$

式中,$\mu_i = E(r_i)$ 为 r_i 的期望收益,仍用记号 $r'_w = r_w - \mu_w$,$r'_i = r_i - \mu_i (i = 1, 2, \cdots, n)$ 来表示,则有

$$\sigma_w^2 = E(r'_w)^2$$
$$\sigma_{ij} = E[r'_i r'_j]$$
$$\begin{aligned}r'_w = r_w - \mu_w &= \sum_{i=1}^{n} w_i r_i - \sum_{i=1}^{n} w_i \mu_i \\ &= \sum_{i=1}^{n} w_i (r_i - \mu_i) \\ &= \sum_{i=1}^{n} w_i r'_i\end{aligned} \quad (1.3.12)$$

于是,类似三个随机变量加权和的方差(式(1.3.10)),有

$$\sigma_w^2 = E\left(\sum_{i=1}^{n} w_i r'_i\right)^2$$
$$= w_1^2 \sigma_{11} + w_1 w_2 \sigma_{12} + \cdots + w_1 w_n \sigma_{1n} + w_2 w_1 \sigma_{21} + w_2^2 \sigma_{22} +$$
$$w_2 w_n \sigma_{2n} + \cdots + w_n w_1 \sigma_{n1} + w_n w_2 \sigma_{n2} + \cdots + w_n^n \sigma_{nn}$$

式中,$\sigma_i^2 = \sigma_{ii}, i = 1, 2, \cdots, n$。

重组,有

$$\sigma_w^2 = w_1^2 \sigma_1^2 + w_2^2 \sigma_2^2 + \cdots + w_n^2 \sigma_n^2 + w_2 w_1 \sigma_{21} + w_2 w_3 \sigma_{23} + \cdots + w_2 w_n \sigma_{2n} + \cdots +$$
$$w_n w_1 \sigma_{n1} + w_n w_2 \sigma_{n2} + \cdots + w_n w_{n-1} \sigma_{n(n-1)}$$
$$= \sum_{i=1}^{n} w_i^2 \sigma_i^2 + \sum_{n}^{\infty} \sum_{j=1}^{n} w_i w_j \sigma_{ij}$$

$$(1.3.13)$$

式(1.3.13)中第1项由单个资产的风险(方差)组成($i=j$),称为市场的非系统风险;第2项由不同投资项目($i\neq j$)之间的风险 σ_{ij} 的加权平均构成,表现的是系统内部各种因素而形成的风险,称为系统风险。

1.4 在经济中的应用举例

本节列举几个经济中的应用实例。

1. 通过分散投资实现对市场中非系统风险的控制

设市场中共有 n 种风险资产,其收益率为 $r_1, r_2, \cdots, r_n$,其非系统风险为

$$\sum_{i=1}^{n} w_i^2 \sigma_i^2 \tag{1.4.1}$$

假如在 n 种资产上分散投资,且将全部资金平均分配到 n 个投资项目上,每份的投资份额为 $\frac{1}{n}$。设 $\sigma_1^2, \sigma_2^2, \cdots, \sigma_n^2, \cdots$ 有上界 M,即

$$\sigma_i^2 \leqslant M, \quad i=1,2,\cdots,n$$

于是市场中的非系统风险为

$$\sum_{i=1}^{n} \left(\frac{1}{n}\right)^2 \sigma_i^2 \leqslant \sum_{i=1}^{n} \frac{M}{n^2} = \frac{M}{n} \to 0, \quad n \to \infty$$

说明非系统风险随着投资组合中项目的增加而减少。因此,可以通过分散投资而逐步清除。

系统风险不能通过分散投资来清除,而应该通过期权等金融衍生品来对冲,下举一例。

2. 单时段两值模型欧式期权买权的风险中性定价 —— 空头风险的对冲

设现在($t=0$)一种风险资产(如股票)价格确定值为 S_0。到未来时刻($t=T$),该风险资产价格可能上升至 S_T^u,概率为 p;也可能下降到 S_T^d,概率为 $1-p$。其中,$S_T^d < S_0 < S_T^u$,因此 S_T 是随机变量,单时段两值模型如图 1.4.1 所示。

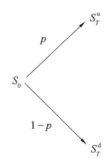

图 1.4.1 单时段两值模型

假设市场中无风险利率 $r=0$,即可以利率 $r=0$ 在银行借钱或存钱。于是,$t=0$ 时刻将 S_0 元钱存到银行,到 $t=T$ 时刻还是 S_0 元。

为对冲价格风险,引入欧式期权的定义。

定义 1.4.1 欧式买入（卖出）期权，是 $t=0$ 时签订合约，让持有人有权利，但不负有义务，在 $t=T$ 时刻，以执行价 K 买入（卖出）某种资产（价格为随机变量 S_T）。

在 $t=T$ 时刻，欧式买入期权价值为
$$C_T = \begin{cases} C_T^u = \max\{S_T^u - K, 0\} = (S_T^u - K)^+ \\ C_T^d = \max\{S_T^d - K, 0\} = (S_T^d - K)^+ \end{cases}$$

当 T 时刻，股票价格 $S_T^u > K$ 时，期权持有人以执行价格 K 买入1支股票，然后在市场上以价格 S_T^u 卖出，赢利 $C_T'^u = S_T^u - K > 0$；而当 $S_T^d \leqslant K$ 时，$C_T^d = 0$，期权持有人不执行期权。因此，这种期权应该是值钱的，这就是期权在签约时的价格 C_0。如何确定价格 C_0 是多少呢？

在风险中性的世界里，对于单时段两值模型存在一种概率风险中性概率（主观概率），使风险资产在 T 时刻价格上升的概率为 q（这与图 1.4.1 中客观概率 p 不同），下降的概率为 $1-q$。这种风险资产在 T 时刻价值的期望值应该等于 $t=0$ 时刻存在银行，在 $t=T$ 时刻无风险价值。下面以实例说明。

例 1.4.1 假设某股票的起价是 25 元人民币，一个月到期的欧式期权买权，其敲下价是 30 元人民币。在 $T=1$ 个月后，股票上涨到 40 元的概率为 0.5，下降到 20 元的概率为 0.5（图 1.4.2），计算出公平的期权金。

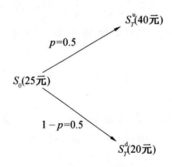

图 1.4.2 股票价格在 $[0,T]$ 上变化

解 （1）$t=T$ 时，期权收益为
$$C_T = (S_T - K)^+$$
故有
$$C_T^u = (40-30)^+ = 10(\text{元})$$
$$C_T'^d = (20-30)^+ = 0(\text{元})$$

客观概率密度矩阵为
$$\begin{pmatrix} C_T^d & C_T^u \\ 1-p & p \end{pmatrix} = \begin{pmatrix} 0 & 10 \\ \dfrac{1}{2} & \dfrac{1}{2} \end{pmatrix}$$

因此有

$$E(C_T) = p \cdot C_T^u + (1-p)C_T^d$$
$$= \frac{1}{2} \times 10 + \frac{1}{2} \times 0$$
$$= 5(元)$$

(2) 求期权金 C_0。

设在风险中性的世界里，风险资产价格上升的概率为 q，下降的概率为 $1-q$，则由风险中性的定义，有

$$\begin{cases} q \cdot S_T^u + (1-q)S_T^d = S_0(1+r) = S_0 & (1.4.2) \\ q \cdot C_T^u + (1-q)C_T^d = C_0(1+r) = C_0 & (1.4.3) \end{cases}$$

式中，q 为所求的风险中性上升的概率；C_0 为所求期权金。

资产价格的期望值与无风险价格相同。

由于

$$S_0 = 25$$
$$S_T^u = 40$$
$$S_T^d = 20$$
$$K = 30$$
$$r = 0$$
$$C_T^u = (40-30)^+ = 10$$
$$C_T^d = (20-30)^+ = 0$$

因此代入式(1.3.15)、式(1.3.16)得

$$\begin{cases} 40q + 20(1-q) = 25 & (1.4.4) \\ 10q + 0 \times (1-q) = C_0 & (1.4.5) \end{cases}$$

由式(1.3.17)得

$$q = 0.25$$

代入式(1.3.18)，得

$$C_0 = 2.5 \text{元}$$

下面举出以期权对冲价格风险的案例。

例 1.4.2 预计在未来股价大概率下跌，基金经理在证券交易所借 1 万支股票卖出（卖空），每只股票的价格满足例 1.4.1 的单时段二值模型。为对冲价格上升的风险，基金经理在 $t=0$ 时刻，从卖空所得的 25 万元人民币中取出 5 万元，以期权金 $C_0=2.5$ 元人民币价格买 2 万股，执行价格 $K=30$ 元的欧式买入期权，其余 20 万元存银行。

分析 (1) 卖空，无对冲措施。$t=0$ 时刻，卖空 1 万支股票，得人民币 25 万元存在银行。至 $t=T$ 时刻，如果股价跌到每股 20 元，则花 20 万元，买 1 万支股票还给证券交易所（平仓），赢利 $25-20=5$（万元）；如果股价上升到每股 40 元，虽然可能性不大，但一旦发生，需花 40 万元，买 1 万支股票平仓，赢利 $25-40=-15$（万元），即亏 15 万元。存在价格风险。

(2) 卖空，且有买入期权多头（即持有）对冲措施。

$t=0$ 时刻，卖空 1 万支股票得 25 万元，从中取 5 万元买 2 万股，执行价格为每股 30 元

的欧式买入期权,其中20万元存在银行。至$t=T$时刻,如果股价跌至每股20元或以下,则期权不执行,以20万元或20万以下买1万股票平仓,赢利为0或大于0。如果股价上升至每股40元,则以执行价每股30元执行2万支股票的欧式买入期权,共花费60万元,尚需40万元。其中,1万支股票用于平仓,其余1万股在市场出售,得40万元,赢利为0,风险正好被对冲。

习题1 假设某股票的起价是30元人民币,一个月到期的欧式期权买权,其敲下价是35元人民币。在$T=1$个月后,股票上涨到40元的概率为0.5,下降到25元的概率为0.5。试计算出公平的期权金。

习题2 假设某股票的起价是35元人民币,一个月到期的欧式期权买权,其敲定价是40元人民币。在$T=1$个月后,股票上涨到45元的概率为0.6,下降到25元的概率为0.4。试计算出公平的期权金。

3. 投资项目的数学期望决策分析

例1.4.3 某上市公司要在四个投资项目A_1、A_2、A_3、A_4中选择一个项目进行投资,根据调研的情况可知,四个项目的销售情况都会面临销路优秀、销路良好、销路中等、销路差四种状态,四种状态的概率分别为$p_1=0.2$,$p_2=0.4$,$p_3=0.3$,$p_4=0.1$。在不同的销售状态下,各种投资项目的年收益见表1.4.1。该上市公司应该如何进行投资?

表1.4.1 各种投资项目的年收益 单位:万元

项目	销路优秀 $p_1=0.2$	销路良好 $p_2=0.4$	销路中等 $p_3=0.3$	销路差 $p_4=0.1$
A_1	18	15	12	9
A_2	20	16	13	10
A_3	19	16	14	10
A_4	21	15	13	8
A_5	17	16	14	11

解 如果将第k个项目的年收益值用随机变量x_k表示,则四个项目年收益的数学期望分别为

$$E(X_1)=18\times0.2+15\times0.4+12\times0.3+9\times0.1=14.1$$
$$E(X_2)=20\times0.2+16\times0.4+13\times0.3+10\times0.1=15.3$$
$$E(X_3)=19\times0.2+16\times0.4+14\times0.3+10\times0.1=15.4$$
$$E(X_4)=21\times0.2+15\times0.4+13\times0.3+8\times0.1=14.9$$
$$E(X_5)=17\times0.2+16\times0.4+14\times0.3+11\times0.1=15.1$$

通过比较可知,$E(X_3)=15.4$最大,因此选择项目A_3进行投资是最优决策。

结论分析:概率表示随机事件发生的可能性的大小。在决策中引用了概率统计的原理,利用数学期望的最大值进行决策,这比直观的感觉和主观的想象更为科学合理。

*4. 概率统计在经济管理决策中的应用

在进行经济管理决策之前,往往存在不确定的随机因素,因此所做的决策有一定的风险,只有正确、科学的决策才能达到以最小的成本获得最大的安全保障的总目标,才能尽

可能节约成本。利用概率统计知识可以获得合理的决策,从而实现这个目标。下面以数学期望、方差等数字特征为证,说明它在经济管理决策中的应用。

例1.4.4 设某人有一笔资金可投入四个项目:房产a、教育b、地产c、商业d。其收益与市场状态有关,若把未来市场划分为优、良、中、差四个等级,则其发生的概率分别为 $p_1=0.2, p_2=0.5, p_3=0.2, p_4=0.1$,根据市场的调研情况可知不同等级状态下各种投资的年收益见表1.4.2。

表1.4.2　不同等级状态下各种投资的年收益　　　　　　　　单位:万元

项目	优 $p_1=0.2$	良 $p_2=0.5$	中 $p_3=0.2$	差 $p_4=0.1$
a	11	8	6	−3
b	10	9	5	−1
c	8	7	5	−2
d	12	7	4	−3

请问该投资者如何投资好?

解 首先考查数学期望,可知

$$E(a)=11\times 0.2+8\times 0.5+6\times 0.2+(-3)\times 0.1=7.1$$
$$E(b)=10\times 0.2+9\times 0.5+5\times 0.2+(-1)\times 0.1=7.4$$
$$E(c)=8\times 0.2+7\times 0.5+5\times 0.2+(-2)\times 0.1=5.9$$
$$E(d)=12\times 0.2+7\times 0.5+4\times 0.2+(-3)\times 0.1=6.4$$

根据数学期望可知投资教育的平均收益最大,但是投资也要考虑风险,下面再来考虑它们的方差,有

$$D(a)=(11-7.1)^2\times 0.2+(8-7.1)^2\times 0.5+(6-7.1)^2\times 0.2+(-3-7.1)^2\times 0.1$$
$$=13.81$$
$$D(b)=(10-7.4)^2\times 0.2+(9-7.4)^2\times 0.5+(5-7.4)^2\times 0.2+(-1-7.4)^2\times 0.1$$
$$=10.84$$
$$D(c)=(8-5.9)^2\times 0.2+(7-5.9)^2\times 0.5+(5-5.9)^2\times 0.2+(-2-5.9)^2\times 0.1$$
$$=7.89$$
$$D(d)=(12-6.4)^2\times 0.2+(7-6.4)^2\times 0.5+(4-6.4)^2\times 0.2+(-3-6.4)^2\times 0.1$$
$$=16.44$$

因为方差越大收益的波动越大,风险也越大,所以从方差的角度思考,投资商业的风险最大,若收益和风险综合权衡,该投资者应该选择教育比较好。

第 2 章

常用概率分布

在几乎所有的投资决策中都会用到随机变量,而每个随机变量均与一个能够完全描述该变量的概率分布相联系。本章介绍几种常用概率分布。

2.1 节介绍伯努利分布、n 重伯努利分布、二项分布的计算、均值、方差、协方差及应用实例。

2.2 节介绍泊松分布的计算、均值、方差、对二项分布的逼近及应用实例。

2.3 节介绍正态分布、标准正态分布及正态分布对二项分布的逼近与应用实例,最后介绍对数正态分布应用实例。

2.1 二项分布

学习目标:
- 理解均匀离散分布及其概率计算
- 理解伯努利试验的特征,掌握伯努利分布的计算,会应用其解决实际问题
- 理解 n 重伯努利试验的特征,了解计数原理,掌握二项分布的计算,学会应用二项分布解决实际问题

2.1.1 离散均匀分布

所有离散型概率分布中,最简单的概率分布就是离散均匀分布。如前面所举的掷骰子的例子,可能取的值是 1、2、3、4、5、6,同时,该随机变量取得任何值的概率对每个结果来说是相同的(即它是均匀的),由于有 6 个结果,因此 $P(x)=\dfrac{1}{6}$(对所有的 $X=1,2,3,4,5,6$)。由古典概型,引入均匀离散分布。

X 为离散随机变量,取值 $x_1,x_2,\cdots,x_n(n<\infty)$,如果 X 取每个值 x_i 的可能性相同,即 $P(X=x_i)=\dfrac{1}{n}(i=1,2,\cdots,n)$,则称 X 服从均匀离散分布,其概率密度矩阵为

$$\begin{pmatrix} x_1 & x_2 & \cdots & x_n \\ \dfrac{1}{n} & \dfrac{1}{n} & \cdots & \dfrac{1}{n} \end{pmatrix}$$

如果 $n=2$,而且 X 取 x_1、x_2 的概率不一定相同,则引出另一个常用概率分布——伯努利(Bernoulli)分布。

2.1.2 伯努利分布

建立二项分布的基础是随机变量,是用瑞士概率学家雅各布·伯努利(Jakob Bernoulli,1654—1705)的名字来命名的。如果一个随机变量只有两个结果,就认为它是一个伯努利随机变量。最简单的例子就是抛硬币,抛硬币的结果只有两个:一种结果是正面向上,概率为 p;另一种结果是反面向上,概率为 $1-p(0<p<1)$。更广泛地,如做一个项目,有可能成功(概率为 p)也可能失败(概率为 $1-p$),所以属于伯努利随机变量。

定义 2.1.1 如果一个随机试验只有两种结果,即成功或失败,成功时概率为 p,随机变量 $X=1$,失败时概率为 $1-p$,随机变量 $X=0$,则称 X 这个随机变量为伯努利随机变量,该试验称为伯努利试验。

此时,伯努利随机变量 X 的概率密度矩阵为

$$\begin{pmatrix} 1 & 0 \\ p & 1-p \end{pmatrix}$$

X 的均值为

$$E(X) = 1 \cdot p + 0 \cdot (1-p) = p$$

X 的方差为

$$\begin{aligned} \text{var}(X) &= E(X-E(X))^2 \\ &= E(X^2) - (E(X))^2 \\ &= p - p^2 \\ &= p(1-p) \end{aligned}$$

例 2.1.1 设某银行将一笔资金(总额为 C)平均贷款给 N 个企业,每笔贷款金额为 $L_i = \frac{C}{N}(i=1,2,\cdots,n)$,每笔贷款到期后,违约概率为 p,违约回收为 0,未违约概率为 $1-p$。假设违约相互不影响,则这 N 笔贷款违约损失的期望值是多少?违约损失的方差是多少?

解 (1) 设 $X_i = \begin{cases} 1, & \text{第 } i \text{ 笔违约,概率为 } p \\ 0, & \text{第 } i \text{ 笔未违约,概率为 } 1-p \end{cases}$,由条件可知,$X_1, X_2, \cdots, X_N$ 相互独立,且有

$$P(X_i = 1) = p$$

则 $X_1, X_2, \cdots, X_N$ 为 N 个相互独立的伯努利随机变量,N 笔贷款违约的损失为

$$L_C = X_1 \cdot \frac{C}{N} + X_2 \cdot \frac{C}{N} + \cdots + X_N \cdot \frac{C}{N}$$

这是 N 个独立随机变量加权和(权数为 $\frac{C}{N}$),从而它的期望为

$$\begin{aligned} E(L_C) &= \frac{C}{N} E(X_1) + \frac{C}{N} E(X_2) + \cdots + \frac{C}{N} E(X_N) \\ &= \frac{C}{N} \cdot p + \frac{C}{N} \cdot p + \cdots + \frac{C}{N} \cdot p \end{aligned}$$

$$= C \times p$$

说明:期望损失值只与贷款总额和违约概率有关,而与 N 无关。

(2)下面计算违约损失的方差,有

$$\text{var}(L_C) = \text{var}\left(\frac{C}{N}X_1 + \frac{C}{N}X_2 + \cdots + \frac{C}{N}X_N\right)$$

$$= \frac{C^2}{N^2}\text{var}(X_1) + \frac{C^2}{N^2}\text{var}(X_2) + \cdots + \frac{C^2}{N^2}\text{var}(X_N)$$

$$= \left(\frac{C^2}{N^2} + \frac{C^2}{N^2} + \cdots + \frac{C^2}{N^2}\right)p(1-p)$$

$$= \frac{C^2}{N}p(1-p)$$

说明:违约损失的方差(代表违约风险的大小)随 N 的增大而减少。

习题 1 设某公司将一笔资金 500 000 元平均投入到 10 个项目中,每个项目的金额为 50 000 元,每笔贷款项目到期后,投资失败的概率为 0.3,违约回收为 0。假设投资失败相互不影响,则这 10 个项目投资失败损失的期望值是多少? 投资失败损失的方差是多少?

习题 2 在轮盘游戏中,某人把 5 元钱放到数字 17 上,有 1/38 的概率获胜:如果指针指向 17,则该人得 175 元;否则,就输掉这 5 元的筹码。这个游戏的期望值是多少? 如果重复这个游戏 1 000 次,估计会输掉多少钱?

*2.1.3 计数原理

为计算二项分布的概率,需要用到计数原理。

如果做第一件事情有 n_1 种方法,做第二件事情有 n_2 种方法,做第三件事情有 n_3 种方法,做第 k 件事有 n_k 种方法,那么做这 k 件事情的方法为 $(n_1 \cdot n_2 \cdot n_3 \cdot \cdots \cdot n_k)$ 种,这就称为乘法法则。

乘法法则也可以解释如下:将一组指定数目的物体放到有相同数量的位置上有多少种方法。例如,选择 3 种证券代表 3 个行业,求有多少种选法。对第 1 个行业有 3 种选法,对第 2 个行业有 2 种选法,对第 3 个行业只有 1 种选法,总的方法数由乘法法则为 $3 \times 2 \times 1 = 3!$(读作 3 的阶乘),同样将 n 个物体放在 n 个位置上有

$$n! = n \times (n-1) \times (n-2) \times \cdots \times 2 \times 1 \tag{2.1.1}$$

种选法。

组合数的定义如下。

设有 n 个物品,分为两组,第一组有 r 个物品,第二组有 $n-r$ 个物品,共有的组合数为

$$C_n^r = \frac{n!}{(n-r)!\,r!} \tag{2.1.2}$$

又称为从 n 个数中取 r 个数的组合数。C_n^r 称为组合数,式(2.1.2)可以这样理解,如果设组合数为 X,则将 n 个物品进行排列有两种方法:第一种是先进行组合,设有 X 种可能,然后对 r 个物品有 $r!$ 种排列,对 $n-r$ 个物品有 $(n-r)!$ 种排列,由乘法法则,共有排列总数为 $(n-r)! \cdot r! \cdot X$;第二种是直接进行排列,有 $n!$ 种,两种方法得的结果是一致的,

故有
$$(n-r)! \cdot r! \cdot X = n!$$
则有
$$X = \frac{n!}{(n-r)! \, r!}$$

将组合数 X 记为 C_n^r。

2.1.4 二项分布

将 n 次重复进行的伯努利试验称为 n 重伯努利试验,而将单重伯努利试验简称为伯努利试验或试验。

二项随机试验是指下列条件满足:
(1) 试验重复进行,固定次数记为 n,其中每次重复称一次试验;
(2) 试验是相对独立的,这意味着每次试验的结果不影响其他试验的结果;
(3) 每次试验有两个互斥的结果,即成功与失败;
(4) 每次试验的成功概率为 $p(0 < p < 1)$。

1. 概率计算及应用

如果在 n 重伯努利试验中,n 个伯努利随机变量正好取 r 次"1"的概率,则表示 n 次伯努利试验中正好有 r 次成功的概率 $P_n(r)$,可以计算如下。

(1) 当 $n=1,r=1$ 时,概率为 p;$r=0$ 时,概率为 $1-p$。

$n=1$ 时,其 2 个概率的系数为分别为 1、1,可记为

$$
\begin{array}{ll}
n=0 & 1 \\
n=1 & 1 \quad 1
\end{array}
\tag{2.1.3}
$$

系数为 $n=1$ 时的两个数 1、1。

(2) 当 $n=2$ 时,$r=2$ 的概率为 $p^2 = p^2(1-p)^0$;$r=1$ 的概率为 $p(1-p)+(1-p)p = 2p^1(1-p)^1$;$r=0$ 的概率为 $(1-p)^2 = p^0(1-p)^2$。

$n=2$ 时,其 3 个概率的系数分别为 1、2、1,可记为

$$
\begin{array}{llll}
n=0 & 1 & & \\
n=1 & 1 & 1 & \\
n=2 & 1 & 2 & 1
\end{array}
\tag{2.1.4}
$$

系数为 $n=2$ 时的三个数 1、2、1。

(3) $n=3,r=3,2,1,0$ 时,由乘法法则,概率符号依次为 $p^3 = p^3(1-p)^0, p^2(1-p)^1, p^1(1-p)^2, p^0(1-p)^3 = (1-p)^3$,而由加法法则可得其系数依次为 1、3、3、1,由式(2.1.4)继续变形为

$$
\begin{array}{lllll}
n=0 & 1 & & & \\
n=1 & 1 & 1 & & \\
n=2 & 1 & 2 & 1 & \\
n=3 & 1 & 3 & 3 & 1
\end{array}
\tag{2.1.5}
$$

对应于 $n=3$ 的 4 个数恰为上述四个数。

将式(2.1.5)三角数表依规律继续下去,得到杨辉三角形,如图 2.1.1 所示,其满足:
(1) "三角形" 顶点为 1;
(2) "三角形" 两边依次斜写 1;
(3) 每一行任两个相邻数相加等于以此二数为底下一行的顶点数。

图 2.1.1 杨辉三角形

例 2.1.2 甲、乙二人进行乒乓球单打比赛,已知每局甲胜的概率为 0.6,乙胜的概率为 0.4,采用三局两胜制。求:
(1) 在前两局比赛中甲取得一胜一负的概率;
(2) 甲获胜的概率。

解 (1) 在前两局比赛中,甲 1 胜 1 负的概率为 $n=2$ 重伯努利试验中,$r=1$ 次 "成功" 的概率 $P_2(1)$。在杨辉三角形中选 $n=2$ 对应的第 3 行右数 $r=1$,即第二个数为 2,故有

$$P_2(1) = 2 \times 0.6^1 \times (1-0.6)^1$$
$$= 2 \times 0.6 \times 0.4$$
$$= 0.48$$

(2) 用 A_1 表示事件 "甲前两局胜",用 A_2 表示事件 "甲前两局 1 胜 1 负,第 3 局胜",则 A_1 与 A_2 不能同时发生。

由乘法法则有

$$P(A_1) = 0.6^2 = 0.36$$
$$P(A_2) = P_2(1) \times 0.6$$
$$= 0.48 \times 0.6$$
$$= 0.288$$

由加法法则有

$$P(甲胜) = P(A_1 \bigcup A_2)$$
$$= P(A_1) + P(A_2)$$
$$= 0.36 + 0.288$$
$$= 0.648$$

例 2.1.3 某银行有 1 000 万元用于贷款,可以贷给不同数目的企业。假设所有用户都有违约和不违约两种可能,且违约的概率为 0.01。如果违约,回收率是零,则如果贷款给 5 个不同的企业,到期恰有 2 个企业违约的概率是多少? 贷款给 N 个企业的期望损失是多少元?

解 (1) 观察一个企业是否违约为伯努利试验,违约为 "成功",其概率为 $p=0.01$,5 个企业为 $n=5$ 重伯努利试验,求有两个企业违约的概率 $P_5(2)$。

在杨辉三角形中写出对应 $n=5$ 的行(第 6 行),由构成规则有 6 个数,即 1、5、10、10、5、1,从右数第 3 个数为 10,故有

$$P_5(2) = 10 \times p^2 \times (1-p)^{5-2}$$
$$= 10 \times 0.01^2 \times 0.99^3$$
$$= 9.703 \times 10^{-4}$$

(2) 期望损失。每个企业违约的概率为 $p=0.01$,贷给 N 个企业,每个企业贷款 $\dfrac{1\,000}{N}$ 万元,如违约,损失 $\dfrac{1\,000}{N}$ 万元,则期望损失为

$$\sum_{i=1}^{N} p \frac{1\,000}{N} = 0.01 \times 1\,000 \sum_{i=1}^{N} \frac{1}{N}$$
$$= 10(万元)$$

期望损失与 N 无关,只与违约概率与贷款额有关。

如果用 X 表示 n 重伯努利试验中事件"成功"发生的次数,那么 X 是随机变量,而 $P(X=r) = P_n(r)$,即

$$P(X=r) = C_n^r p^r (1-p)^{n-r}, \quad r=0,1,\cdots,n$$

式中,C_n^r 为从 n 个数中取 r 个数的组合数,$C_n^r = \dfrac{n!}{(n-r)!\,r!}$。

X 服从参数为 n、$p(0<p<1)$ 的二项分布,记为 $X \sim B(n,p)$,其概率密度矩阵为

$$\begin{bmatrix} 0 & 1 & \cdots & r & \cdots & n \\ (1-p)^n & np^1(1-p)^{n-1} & \cdots & C_n^r p^r (1-p)^{n-r} & \cdots & p^n \end{bmatrix}$$

注记 组合数 C_n^r 可在杨辉三角形中选 $n+1$ 行右数第 $r+1$ 个数。

例 2.1.4 某工厂生产的螺丝的次品率为 0.05,设螺丝是否为次品相互独立,该厂将 10 个螺丝包成一包出售,并承诺若发现一包内多于一个次品则可退货,试求该厂螺丝的退货率。

解 由条件 $X \sim B(10,0.05)$ 可知,其分布列为 $P(X=k) = C_{10}^k (0.05)^k (0.95)^{n-k}$,$k=0,1,2,\cdots,10$。

用 A 表示"出售的某包螺丝被退货"这一事件,由求余法则有

$$P(A) = P(X>1) = 1 - P(X \leqslant 1)$$
$$= 1 - (P(X=0) + P(X=1))$$
$$= 1 - [C_{10}^0 (0.95)^{10} + C_{10}^1 (0.05)^1 (0.95)^9]$$
$$= 1 - (0.598\,736\,939 + 0.315\,124\,705)$$
$$\approx 0.09$$

因此,退货率为 9%。

例 2.1.5 某试验田计划种植某种新物种,为此对这种作物的两个品种(分别称为品种 A 和品种 B)进行田间试验。若在总共 6 块地中,随机选 3 块地种植品种 A,另外 3 块地种植品种 B。种植完成后,随机选择 3 块地,其中种植品种 A 的地的块数记为 X,求 X 的分布列和均值。

解 由题意可知,X 的所有可能取值为 0、1、2、3,有

$$P(X=0) = \frac{1}{C_6^3} = \frac{1}{20}$$

$$P(X=1) = \frac{C_3^1 C_3^2}{C_6^3} = \frac{9}{20}$$

$$P(X=2) = \frac{C_3^2 C_3^1}{C_6^3} = \frac{9}{20}$$

$$P(X=3) = \frac{C_3^3}{C_6^3} = \frac{1}{20}$$

因此,X 的分布列见表 2.1.1。

表 2.1.1 X 的分布列(例 2.1.5)

X	0	1	2	3
p	$\frac{1}{20}$	$\frac{9}{20}$	$\frac{9}{20}$	$\frac{1}{20}$

X 的期望为

$$\begin{aligned}E(X) &= \sum_{K=0}^{2} x_k p_k \\ &= 0 \times \frac{1}{20} + 1 \times \frac{9}{20} + 2 \times \frac{9}{20} + 3 \times \frac{1}{20} \\ &= \frac{3}{2}\end{aligned}$$

*例 2.1.6 某专家预测某股票上涨的准确率为 80%,试计算:
(1) 5 次预测中恰有 2 次准确的概率;
(2) 5 次预测中至少有 2 次准确的概率;
(3) 5 次预测中恰有 2 次准确,且其中第 3 次预测准确的概率。
(结果保留两位小数。)

解 令 X 表示 5 次预测中预测准确的次数,则 $X \sim B(5,0.8)$,故其分布列为
$$P(X=K) = C_5^k (0.8)^k (1-0.8)^{5-k} \quad (k=0,1,2,3,4,5)$$
(1) "5 次预测中恰有 2 次准确"的概率为
$$P(X=2) = C_5^2 (0.8)^2 (1-0.8)^{5-2} \approx 0.05$$
(2) "5 次预测中至少有 2 次准确"的概率为
$$\begin{aligned}P(X \geqslant 2) &= 1 - P(X=0) - P(X-1) \\ &= 1 - C_5^0 (0.8)^0 (1-0.8)^{5-0} - C_5^1 (0.8)^1 (1-0.8)^{5-1} \\ &= 1 - 0.000\,32 - 0.006\,4 \\ &\approx 0.99\end{aligned}$$
(3) "5 次预测中恰有 2 次准确,且其中第 3 次预测准确"的概率为
$$C_4^1 \times 0.8 \times (1-0.8)^3 \times 0.8 \approx 0.02$$

习题 3 某人进行射击练习,每次命中目标的概率为 0.80,独立射击 5 次,试求命中目标次数的概率分布密度矩阵。

习题 4 某机密重地安装了 3 台报警器,它们彼此独立地工作,而且当发生危险时,

每台报警器报警的概率为 0.80,试求下列事件的概率：

(1) 发生危险时,3 台都报警；

(2) 发生危险时,3 台都不报警；

(3) 发生危险时,有 2 台报警；

(4) 发生危险时,有 1 台报警；

(5) 发生危险时,至少有 2 台报警；

(6) 发生危险时,至少有 1 台报警。

2. 均值与方差

设 $X_i \sim B(1,p)(i=1,2,\cdots,n)$ 相互独立,令 $X = \sum_{i=1}^{n} X_i$,则有

$$X \sim B(n,p)$$

由于 $E(X_i)=p, \text{var}(X)=p(1-p)$,因此由独立性有

$$\mu_X = E[X] = \sum_{i=1}^{n} E(X_i) = \sum_{i=1}^{n} p = np$$

$$\sigma_X^2 = \text{var}(X) = \text{var}(\sum_{i=1}^{n} X_i) = \sum_{i=1}^{n} \text{var}(X_i) = \sum_{i=1}^{n} p(1-p) = np(1-p)$$

$$\sigma_X = \sqrt{np(1-p)}, \quad 0 < p < 1$$

例 2.1.7 设股票目前的价格为 S_0,预计到下个交易日,股价上升至 uS_0 的概率为 $p(0 < p < 1)$,而下降到 dS_0 的概率为 $1-p$。按同样预期,再经过两个交易日,回答以下问题：

(1) 求股价为 $u^2 dS_0$ 的概率；

(2) 以 S_0 为出发点,画出三个交易日的股票价格变化的二叉树模型示意图；

(3) 求股票价格在未来第 3 个交易日的期望值。

解 (1) 由条件可知,股票价格 $X \sim B(3,p)$,令 A 表示事件"股价为 $u^2 dS_0$",则有

$$P(A) = P(X=2) = C_3^2 p^2 (1-p) = 3p^2(1-p)$$

(2) 二叉树模型如图 2.1.2 所示。

(3) 期望为

$$\mu_X = np = 3p$$

*例 2.1.8 市场营销考试分理论考试和模拟经营考试两部分,每部分考试成绩只记"合格"和"不合格",两部分考试都"合格"者,则市场营销考试"合格"。甲、乙、丙三位同学在理论考试中"合格"的概率分别为 $\frac{4}{5}$、$\frac{3}{4}$、$\frac{2}{3}$,在模拟经营考试中"合格"的概率分别为 $\frac{1}{2}$、$\frac{2}{3}$、$\frac{5}{6}$,所有考试是否合格互不影响。

(1) 若甲、乙、丙三位同学同时进行理论考试和模拟经营考试,则谁获得市场营销考试"合格"的可能性更大？

(2) 求甲、乙、丙三位同学进行理论考试和模拟经营考试两部分考试后,恰有两人获得市场营销考试"合格"的概率。

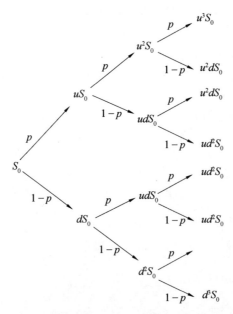

图 2.1.2 二叉树模型(例 2.1.7)

解 (1) 记甲获得市场营销考试"合格"为事件 A,乙获得市场营销考试"合格"为事件 B,丙获得市场营销考试"合格"为事件 C,则有

$$P(A) = \frac{4}{5} \times \frac{1}{2} = \frac{2}{5}$$

$$P(B) = \frac{3}{4} \times \frac{2}{3} = \frac{1}{2}$$

$$P(C) = \frac{2}{3} \times \frac{5}{6} = \frac{5}{9}$$

从而 $P(C) > P(B) > P(A)$,所以丙获得市场营销考试"合格"的可能性最大。

(2) 记甲、乙、丙三位同学进行理论考试和模拟经营考试两部分考试后,恰有两人获得市场营销考试"合格"为事件 D,则有

$$P(D) = P(AB\bar{C}) + P(A\bar{B}C) + P(\bar{A}BC)$$
$$= \frac{2}{5} \times \frac{1}{2} \times \frac{4}{9} + \frac{2}{5} \times \frac{1}{2} \times \frac{5}{9} + \frac{3}{5} \times \frac{1}{2} \times \frac{5}{9}$$
$$= \frac{11}{30}$$

所以甲、乙、丙三位同学进行理论考试和模拟经营考试两部分考试后,恰有两人获得市场营销考试"合格"的概率为 $\frac{11}{30}$。

习题 5 一条自动生产线上产品的一级品率为 0.6,随机抽查 10 件产品,求至少有两件一级品的概率。

习题 6 某调查显示 94% 的电脑会安装使用微软操作系统。假设随机选择 12 台电脑,试求:

(1) 这12台电脑中恰好有10台电脑使用微软操作系统的概率；
(2) 这12台电脑中有10台或以上使用微软操作系统的概率；
(3) 这12台电脑中有9台或以下使用微软操作系统的概率；
(4) 这12台电脑中有9～11台使用微软操作系统的概率。

* 3. 用 Excel 计算二项分布的概率

用人工计算二项分布是有一定难度的，但在 Excel 中可以用 BINOMDIST 函数来计算，其形式为

$$(number\_s, trials, probability\_s, cumulative)$$

这个函数中，number_s 相当于 x，probability_s 相当于 p。如果设置 cumulative 为 TRUE，则这个函数将计算出累积概率；如果设置为 FALSE，则计算出的值是 $f(x)$ 的值。

例如，在电话促销试验中，假设访问了 $n=10$ 个顾客，则有积极回答的顾客数的概率分布是二项分布，用二项分布可以计算出 10 个顾客中有 x 人购买产品的概率。

图 2.1.3 所示为用 Excel 计算二项分布的概率，从图中可以看到，有 4 人会购买产品的概率为 0.088 080，小于等于 4 人购买产品的概率是 0.967 207。相应地，10 人中超过 4 人购买产品的概率是 $1-F(4)=1-0.967\ 207=0.032\ 793$。二项分布可用来建立生产中产品抽样检查的模型和对病人样本的用药效果的模型。

	A	B	C	D	E	F
1	Binomial Probabilities					
2				=BINOMDIST(A7,B3,B4,FALSE)		
3	n	10				
4	p	0.2		=BINOMDIST(A7,B3,B4,TRUE)		
5						
6	x	f(x)	F(x)			
7	0	0.107374	0.107374			
8	1	0.268435	0.375810			
9	2	0.301990	0.677800			
10	3	0.201327	0.879126			
11	4	0.088080	0.967207			
12	5	0.026424	0.993631			
13	6	0.005505	0.999136			
14	7	0.000786	0.999922			
15	8	0.000074	0.999996			
16	9	0.000004	1.000000			
17	10	0.000000	1.000000			

图 2.1.3 用 Excel 计算二项分布的概率

二项分布的期望值为 np，方差是 $np(1-p)$，二项分布的参数不同，就有不同的形状和偏态。图 2.1.4 所示为二项分布的两个例子，当 $p=0.5$ 时，分布是对称的。p 越大，二项分布越左偏；p 越小，二项分布越右偏。

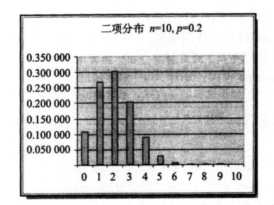 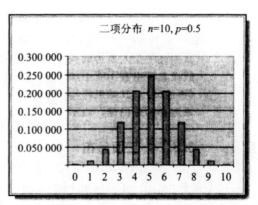

图 2.1.4　二项分布的两个例子

*2.2　泊 松 分 布

学习目标：
- 理解泊松分布的特征和应用范围
- 理解泊松分布的概率计算公式，了解查表，用 Excel 计算泊松概率
- 会用泊松分布逼近 n 很大、p 很小的二项分布的概率计算

2.2.1　泊松分布的定义、均值与方差

泊松分布是一种离散分布，用来描述在一定测量单位内可能发生的频数。例如，某网站在中午 12:00～12:30 的访问数、来到某地铁站的乘客数都服从或逼近地服从泊松分布。

泊松分布以法国数学家、物理学家泊松（Simeon-Dneis Poisson, 1781—1840）命名。

定义 2.2.1　如果随机变量 X 的概率分布为

$$P(X=k)=\frac{\lambda^k}{k!}\mathrm{e}^{-\lambda},\quad k=0,1,\cdots \tag{2.2.1}$$

则称 X 服从参数为 λ 的泊松分布，记作 $X\sim P(\lambda)$，且 $\sum_{k=0}^{\infty}\frac{\lambda^k}{k!}\mathrm{e}^{-\lambda}=1$。

泊松分布与二项分布的主要区别在于不知道试验的次数 n（仅需要一个参数 λ）。如果 $X\sim P(\lambda)$，可以证明

$$\mu_X=E(X)=\lambda$$
$$\sigma_X^2=\mathrm{var}(X)=\lambda$$

即对服从泊松分布的随机变量 X，其期望与方差均为 λ。

2.2.2　用泊松分布逼近二项分布

定理 2.2.1（泊松近似定理）　若随机变量 $X\sim B(n,p_n)$（其中 $0<p_n<1$，且 p_n 依赖于 n），且满足 $\lim\limits_{n\to\infty}np_n=\lambda>0$，则有

$$\lim_{n\to\infty} P(X=k) = \lim_{n\to\infty} C_n^k p_n^k (1-p_n)^{n-k} = \frac{\lambda^k e^{-\lambda}}{k!}, \quad k=0,1,\cdots \quad (2.2.2)$$

*证明思路：首先，考查

$$C_n^k p_n^k (1-p_n)^{n-k} = \frac{n(n-1)\cdots(n-k+1)}{k!} p_n^k (1-p_n)^{n-k}$$

$$= \frac{1}{k!} \frac{n(n-1)\cdots(n-k+1)}{n^k} (np_n)^k \frac{(1-p_n)^n}{(1-p_n)^k}$$

由于 $\lim_{n\to\infty} np_n = \lambda > 0$，因此 $\lim_{n\to\infty} p_n = 0$。再由微积分的知识，可知

$$\lim_{n\to\infty} \frac{n(n-1)\cdots(n-k+1)}{n^k} = 1$$

$$\lim_{n\to\infty} (1-p_n)^n = \lim_{n\to\infty} (1-p_n)^{p_n^{-1} n p_n} = e^{-\lambda}$$

$$\lim_{n\to\infty} (1-p_n)^k = 1$$

于是，有

$$\lim_{n\to\infty} P(X=k) = \frac{\lambda^k e^{-\lambda}}{k!}, \quad k=0,1,\cdots$$

推论 2.2.1 设 $X \sim B(n,p)$，且重复的次数很大，如 $n \geq 100$，且 $np \leq 10$，则

$$P(X=k) = C_n^k p_n^k (1-p_n)^{n-k} \approx \frac{(np)^k}{k!} e^{-np}, \quad k=0,1,\cdots \quad (2.2.3)$$

该推论证明，如果 $X \sim B(n,p)$，且重复的次数很大（如 $n \geq 100$），并且每次试验"成功"的概率很小（如 $p < \frac{10}{100} = 0.1$），则近似地有

$$X \sim P(\lambda)$$

式中，$\lambda = np$。

当 $n \geq 20$，而 $p < 0.1$ 时，可近似地应用式(2.2.3)。

例 2.2.1 根据统计，全体育龄女性中大约有 3% 的人生育多胞胎。现在某医生想研究多胞胎新生儿的发育情况，他随机选择了 110 个新生儿家庭，在这 110 个新生儿家庭中，至少有一个家庭生育多胞胎的概率是多少？

分析 检验 110 个新生儿家庭母亲是否生育多胞胎可以看成二项随机试验，独立试验的次数 $n=110$，每次选择新生儿家庭母亲生育多胞胎为成功，其概率为 $p=0.03$。由于 $n=110 \geq 100$ 且 $np = 110 \times 0.03 = 3.3 \leq 10$，因此可用泊松分布的概率密度公式进行计算。

解 设 110 个新生儿家庭中母亲生育多胞胎的人数为 X，其期望值为

$$\mu_X = np = 110 \times 0.03 = 3.3$$

则近似地 $X \sim P(3.3)$，从而由求余法则有

$$P(X \geq 1) = 1 - P(X < 1) = 1 - P(X=0) = 1 - \frac{3.3^0}{0!} e^{-3.3} = 0.963\,1$$

例 2.2.2 某工厂订购了一批加工机床，机床的故障率为 2%。若各台机床出现故障是互不影响的，求在 100 台机床中，出现故障的台数不超过 2 台的概率。

解 设 100 台机床中出现故障的台数为 X，其期望值为

$$\mu_x = np = 100 \times 0.02 = 2 \leq 10$$

则近似地 $X \sim P(1)$,从而由求余法则得
$$P(X \leqslant 2) = P(X=2) + P(X=1) + P(X=0)$$
$$= \frac{2^2}{2!}e^{-2} + \frac{2^1}{1!}e^{-2} + \frac{2^0}{0!}e^{-2}$$
$$\approx 0.68$$

例 2.2.3(设备维修管理) 为保证设备正常工作,需要配备适量的维修人员,设共有 300 台设备各自独立工作,而且每台设备发生故障的概率均为 0.01,在通常情况下,一台设备的故障可由一人来处理,则至少应配备多少维修人员,才能保证当设备发生故障时,不能及时维修的概率小于 0.01?

分析 设 X 为 300 台设备中同时发生故障的台数,依题有 $X \sim B(300, 0.01)$,如果配备 N 个维修人员,则所需解决的问题就是求最小的正整数 N,使得 $P(X > N) < 0.01$。

解 设 X 为 300 台设备中同时发生故障的台数,则有
$$X \sim B(300, 0.01)$$
应用推论 2.2.2,$\lambda = 300 \times 0.01 = 3$,有
$$P(X > N) = 1 - P(X \leqslant N)$$
$$= 1 - \sum_{k=0}^{N} C_{300}^{k}(0.01)^k(0.99)^{300-k}$$
$$\approx 1 - \sum_{k=0}^{N} \frac{(3^k e^{-3})}{k!}$$
$$= \sum_{k=0}^{\infty} \frac{3^k}{k!}e^{-3} - \sum_{k=0}^{N} \frac{3^k}{k!}e^{-3}$$
$$= \sum_{k=N+1}^{\infty} \frac{3^k}{k!}e^{-3}$$

问题变为求最小正整数 N,使得
$$\sum_{k=N+1}^{\infty} \frac{3^k}{k!}e^{-3} < 0.01$$

查泊松分布表,或用 Excel 计算得
$$\sum_{k=8}^{\infty} \frac{3^k}{k!}e^{-3} = 0.012$$
$$\sum_{k=9}^{\infty} \frac{3^k}{k!}e^{-3} = 0.0038$$

要满足 $P(X>N) < 0.01$,必须有 $N+1 \geqslant 9$,故 $N \geqslant 8$,说明至少配备 8 名维修人员,满足要求。

例 2.2.4(例 2.2.3 续) 在例 2.2.3 中,把 300 台设备换成 80 台,现有两种配备维修人员的方案供选择。

方案 1:由 1 人负责 20 台设备,需配备 4 名维修人员。

方案 2:配备 3 名维修人员,共同维护 80 台。

如果你是管理的决策者,在保证生产正常的情况下,应当选择哪种方案?

解 在方案 1 中,设 X 为"1 人维护的 20 台设备中同时发生故障的台数",由条件知
$$X \sim B(20, 0.01)$$
$$\lambda = 20 \times 0.01 = 0.2$$
20 台设备发生故障不能及时处理的概率,应用求余法则,有(用计算器)
$$P(X \geq 2) = 1 - P(X \leq 1)$$
$$\approx 1 - \left[e^{-0.2} + \frac{(0.2)^1}{1!} e^{-0.2} \right]$$
$$= 0.0175$$

在方案 2 中,设 Y 为"3 名维修人员共同维护 80 台设备同时发生故障的台数",由条件得
$$Y \sim B(80, 0.01)$$
$$\lambda = 80 \times 0.01 = 0.8$$
80 台设备发生故障时,不能及时处理(Y 的取值大于3)的概率为
$$P(Y \geq 4) = 1 - P(Y \leq 3)$$
$$\approx 1 - \sum_{k=0}^{3} \frac{(0.8)^k e^{-0.8}}{k!}$$
$$\approx 0.009$$

由于 $P(Y \geq 4) < p(X \geq 2)$,因此由 3 人合作维护比分工维护更有利。

*2.2.3 用 Excel 计算泊松分布的概率

与二项分布一样,泊松分布手工进行计算也很困难,许多书中提供了分布表,但直接运用 Excel 的 POISSON 函数计算概率就非常容易。例如,假设在午饭时间到取款机的顾客平均数是每小时 12 人,那么在这段时间内有 x 个顾客到取款机的概率可从 $\lambda = 12$ 的泊松分布中获得。

图 2.2.1 所示为使用 POISSON 函数计算泊松概率分布的结果,可见,在午餐时间有 1 人到取款机的概率是 0.000074,2 人到取款机的概率是 0.000442,等等。泊松随机变量的可能取值是无限的,图 2.2.1 中并没有显示全部的分布,随着 x 增大,其发生的概率减小,图 2.2.2 所示为 $\lambda = 12$ 的泊松分布。与二项分布一样,泊松分布的形状依赖于参数 λ 的值,λ 越小,分布越不对称。

习题 1 一种新型药物的作用是抗肿瘤发展,但是参与药物试验的肿瘤患者中有 6% 的人会发生腹泻的副作用,随机选择 300 个这种药物的使用者作为随机样本。
(1) 证明用二项分布逼近泊松分布的条件是否成立;
(2) 求用泊松分布公式计算恰好有 8 个使用者有副作用的概率;
(3) 求用泊松分布公式计算少于 1 个人使用者有副作用的概率;
(4) 把(2)和(3)的结果和精确结果进行比较。

习题 2(寿险问题) 在某保险公司,有 2 500 个同一年龄和同社会阶层的人参加人寿保险。其中,每一个人在一年里死亡的概率为 0.002,每个参加保险的人在 1 月 1 日付 1 200 元保费,而死亡时,家属可以从保险公司领取 200 000 元的保险赔付。试求保险公司

	A	B	C	D	E	F
1	Poisson Probabilities					
2			=POISSON(A7,B3,FALSE)			
3	Mean	12				
4			=POISSON(A7,B3,TRUE)			
5						
6	x	f(x)	F(x)			
7	0	0.000006	0.000006			
8	1	0.000074	0.000080			
9	2	0.000442	0.000522			
10	3	0.001770	0.002292			
11	4	0.005309	0.007600			
12	5	0.012741	0.020341			
13	6	0.025481	0.045822			
14	7	0.043682	0.089504			
15	8	0.065523	0.155028			
16	9	0.087364	0.242392			
17	10	0.104837	0.347229			
18	11	0.114368	0.461597			
19	12	0.114368	0.575965			
20	13	0.105570	0.681536			
21	14	0.090489	0.772025			
22	15	0.072391	0.844416			
23	16	0.054293	0.898709			
24	17	0.038325	0.937034			
25	18	0.025550	0.962584			
26	19	0.016137	0.978720			
27	20	0.009682	0.988402			

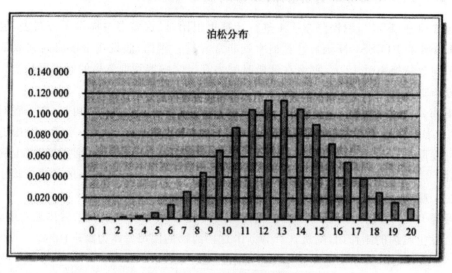

图 2.2.1　使用 POISSON 函数计算泊松概率分布的结果

图 2.2.2　$\lambda = 12$ 的泊松分布

亏本的概率，以及保险公司获利不少于 1 000 000 元的概率。

提示　设参加保险的人在未来 1 年内死亡的人数为 X，$X \sim B(2\,500, 0.002)$。

(1) 亏本：$P(200\,000X > 2\,500 \times 1\,200)$。

(2) 获利超 1 000 000 元的概率：$P(3\,000\,000 - 200\,000X \geqslant 1\,000\,000)$。

2.3 正态分布

学习目标：
- 理解正态分布的特征及应用范围
- 熟悉标准正态分布的查表及计算标准正态分布的概率与分位数
- 会用正态分布的标准化计算正态分布的概率
- 用正态分布逼近二项分布

2.3.1 正态分布的特性及应用范围

正态分布是最重要的一种连续性的概率分布，是由德国数学家高斯（Gauss，1777—1855）发现并发展的，又称高斯分布。

定义 2.3.1 若随机变量 X 的概率密度函数为

$$f(x) = \frac{1}{\sigma\sqrt{2\pi}} e^{-\frac{(x-\mu)^2}{2\sigma^2}}, \quad x \in (-\infty, \infty) \tag{2.3.1}$$

则称 X 服从参数 μ 和 σ^2 的正态分布（其中 μ 和 σ^2 是常数，$\mu \in (-\infty, \infty)$，$\sigma > 0$），简记为 $X \sim N(\mu, \sigma^2)$。由 $y = f(x)$ 所确定的曲线称为正态分布曲线，又称钟形曲线。

此时，$F(x) = P(X \leqslant x) = \int_{-\infty}^{x} f(t) dt$ 为 X 的分布函数（图 2.3.1）。

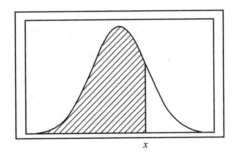

图 2.3.1 正态分布曲线

为什么说正态分布是最常见的一种分布呢？图 2.3.1 所示图形中间的面积最大，也就是说大部分的数都集中在中间，这和生活中的许多现象都是一样的，如大多数人都是平凡人，天才和智力缺陷者总是很少很少，所以大部分人的智慧都是集中在中间的。类似地，投资收益率也是这样的，特别高的收益率和特别低的收益率都非常少，绝大多数的投资收益率都是一般水平，集中在中间，所以正态分布是最常见的一种分布。

从图 2.3.1 可知，正态分布是对称的分布，其均值、中位数、众数均相等，正态分布的取值范围为 $(-\infty, +\infty)$，即正态分布的密度函数向左右两边无限延伸，无限接近 x 轴，但在 x 轴上方，且曲线下方图形面积为 1，即 $f(x) > 0$，$x \in (-\infty, +\infty)$，且有

$$\int_{-\infty}^{\infty} f(x) dx = 1 \tag{2.3.2}$$

这里，$\int_{-\infty}^{+\infty} f(x)\mathrm{d}x = \lim_{N\to\infty}\int_{-N}^{N} f(x)\mathrm{d}x$ 为一种广义积分，几何意义为 $y=f(x)$ 的曲线下方图形面积。正态分布函数

$$F(x) = \int_{-\infty}^{x} f(t)\mathrm{d}t = \frac{1}{\sigma\sqrt{2\pi}}\int_{-\infty}^{x} \mathrm{e}^{-\frac{(t-\mu)^2}{2\sigma^2}}\mathrm{d}t \tag{2.3.3}$$

为图 2.3.1 中正态分布曲线，位于 x 左下方的图形面积代表随机变量小于 x 的概率，即有

$$F(x) = P(X \leqslant x) \tag{2.3.4}$$

因为对连续性随机变量，总有

$$P(X = x) = 0$$

所以

$$F(x) = P(X \leqslant x) = P(X < x)$$

正态分布有以下几点重要性质。

(1) 正态分布可以由其均值 μ 和方差 σ^2 完全描述，记为 $X \sim N(\mu,\sigma^2)$，表示随机变量 X 服从均值为 μ 方差为 σ^2 的正态分布。

(2) 正态分布曲线有如下特点：关于均值 μ 对称；在 $x=\mu$ 处达最高点；在 $\mu-\sigma$ 与 $\mu+\sigma$ 处具有变形点；曲线下方图形面积为 1；当 x 趋于正无穷（负无穷）时，曲线的图像越来越趋于 0。

(3) 两个正态分布的随机变量的线性组合也服从正态分布。

(4) 经验法则。正态曲线下方的约 68% 图形的面积位于 $\mu-\sigma$ 与 $\mu+\sigma$ 之间；约 95% 的图形面积位于图形面积位于 $\mu-2\sigma$ 与 $\mu+2\sigma$ 之间；约 99.7% 的图形面积位于图形面积位于 $\mu-3\sigma$ 与 $\mu+3\sigma$ 之间。经验法则的图示如图 2.3.2 所示。

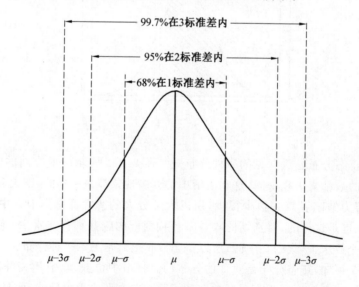

图 2.3.2　经验法则的图示

2.3.2　标准正态分布

正态分布的均值为 0、标准差为 1 时称为标准正态分布，此时分布密度函数为

$$f(x) = \frac{1}{\sqrt{2\pi}} e^{-\frac{x^2}{2}}, \quad x \in (-\infty, +\infty) \tag{2.3.5}$$

记为 $N(0,1)$ 或 Z-分布。

一般给出标准正态分布的概率分布表,可以很方便地查出随机变量取值于某区间的概率(参见附录 C 中附表 Ⅰ)。一般正态分布的随机变量 X,依据正态分布的性质可以将其化为标准正态分布 $N(0,1)$ 的随机变量 Z 进行计算。

为将一个一般正态分布 $N(\mu,\sigma^2)$ 的随机变量 X 化为标准正态分布的随机变量 Z,需要了解均值、方差的以下基本性质:

(1) $E(aX) = aE(X)$,这里 X 为随机变量,a、b 为实常数;

(2) $E(aX+b) = aE(X) + b$;

(3) $\text{var}(aX) = a^2 \text{var}(X)$;

(4) $\text{var}(aX+b) = a^2 \text{var}(X)$,也就是说一个随机变量乘以一个常数 a,在后面加一个常数,它的方差等于 a^2 乘以 $\text{var}(X)$,有没有 b 是没有影响的。

设 $X \sim N(\mu,\sigma^2)$,X 的均值为 μ,σ 为 X 的标准差,如果令

$$Z = \frac{X-\mu}{\sigma} \tag{2.3.6}$$

则 Z 的均值与方差为

$$E(Z) = E\left(\frac{X-\mu}{\sigma}\right) = \frac{E(X)-\mu}{\sigma} = 0$$

$$\text{var}(Z) = \text{var}\left(\frac{X-\mu}{\sigma}\right) = \frac{\text{var}(X)}{\sigma^2} = 1$$

因此,$Z \sim N(0,1)$,式(2.3.6)称为 X 的标准化。由标准正态分布表(附表 Ⅰ)可得标准正态随机变量 Z 小于某个正数的概率为

$$\Phi(z) = P(Z < z) = \frac{1}{\sqrt{2\pi}} \int_{-\infty}^{z} e^{-\frac{t^2}{2}} dt \tag{2.3.7}$$

如 $z = 1.25$,查表有 $\Phi(z) = 0.8944$,根据正态分布的对称性可知

$$\begin{aligned} \Phi(-z) &= P(Z < -z) = P(Z > z) \\ &= 1 - P(Z < z) \\ &= 1 - \Phi(z) \end{aligned} \tag{2.3.8}$$

可得

$$\Phi(-1.25) = 1 - \Phi(1.25) = 1 - 0.8944 = 0.1056$$

设 $X \sim N(\mu,\sigma^2)$,则 X 位于 a 与 b 之间($a < b$)的概率为

$$\begin{aligned} P(a < X < b) &= P(X < b) - P(X \leqslant a) \\ &= F(b) - F(a) \end{aligned} \tag{2.3.9}$$

这里 $F(x) = P(X < x)$ 为 X 的分布函数。

由于仅有标准正态分布表,因此为计算式(2.3.9),需将 X 标准化,然后查标准正态分布表。

例 2.3.1 设随机变量 $X \sim N(6,4)$,求概率 $P(3.5 < X < 9.34)$。

分析 因 $X \sim N(6,4)$,这里 $\mu = 6$,$\sigma = 2$,将 X 标准化,有

$$Z = \frac{X-\mu}{\sigma} = \frac{X-6}{2}, \quad Z \sim N(0,1)$$

由于 $3.5 < X < 9.34$，因此 $-1.25 = \frac{3.5-6}{2} < Z < \frac{9.34-6}{2} = 1.67$。

解
$$P(3.5 < X < 9.34) = P\left(\frac{3.5-6}{2} < \frac{X-6}{2} < \frac{9.34-6}{2}\right)$$
$$= P(-1.25 < Z < 1.67)$$
$$= \Phi(1.67) - \Phi(-1.25)$$
$$= \Phi(1.67) - (1 - \Phi(1.25))$$

查标准正态分布表，有
$$\Phi(1.67) - (1 - \Phi(1.25)) = 0.9525 - (1 - 0.8944)$$
$$= 0.8469$$

例 2.3.2 某凶杀案有 A、B 两个嫌疑人，从各自住处到凶杀现场所需时间 X 服从正态分布，设 A 所需时间 $X \sim N(50, 10^2)$，B 所需时间 $Y \sim N(60, 4^2)$，如果仅有 65 min 可以利用，则谁的作案嫌疑大？

解 求 A、B 两人所用时间小于或等于 65 min 的概率，概率大的自然嫌疑就大。设 $\Phi(z)$ 为标准正态分布，则有

$$P(X \leqslant 65) = P\left(\frac{X-50}{10} \leqslant \frac{65-50}{10}\right)$$
$$= \Phi(1.5)(查表)$$
$$= 0.9332$$

$$P(Y \leqslant 65) = P\left(\frac{Y-60}{4} \leqslant \frac{65-60}{4}\right)$$
$$= \Phi(1.25)(查表)$$
$$= 0.8944$$

从计算结果看，A 的作案嫌疑大。

例 2.3.3（录取分数线预测） 某上市企业准备通过考试招工 300 人，其中 280 名正式员工，20 名临时工，实际报考人数为 1 657 名，考试满分为 400 分。考试以后不久，通过当地新闻媒体得到如下信息，考试平均成绩为 166 分，360 分以上的高分者 31 名，某位考生 A 知道自己的考分为 256 分，则考生 A 能否被录取？若被录取，能否录为正式员工？

解 （1）设考生的成绩 X 服从正态分布，因为平均分为 166，则有
$$X \sim N(166, \sigma^2)$$

其中，标准差 σ 未知。

由题意知
$$P(X > 360) = \frac{31}{1\,657}$$

而由求余法则有
$$P(X \leqslant 360) = 1 - P(X > 360)$$
$$= 1 - \frac{31}{1\,657} \quad (2.3.10)$$
$$= 0.981$$

将 X 标准化,得
$$Z = \frac{X-166}{\sigma}$$

于是,由
$$P(X \leqslant 360) = P\left(\frac{X-166}{\sigma} \leqslant \frac{360-166}{\sigma}\right)$$
$$= P\left(Z \leqslant \frac{360-166}{\sigma}\right)$$
$$= \Phi\left(\frac{360-166}{\sigma}\right)$$

及式(2.3.10)得
$$\Phi\left(\frac{360-166}{\sigma}\right) = 0.981$$

利用标准正态分布表,可查得对应 0.981 的分位数为
$$\frac{360-166}{\sigma} = 2.08$$

于是 $\sigma \approx 93$,即 $X \sim N(166, 93^2)$。

设最低录取分数为 k,由题中条件知
$$P(X > k) = \frac{300}{1\,657} \quad (古典概型)$$

故有
$$P(X \leqslant k) = 1 - P(X > k)$$
$$= 1 - \frac{300}{1\,657}$$
$$\approx 0.819$$

将 $X \leqslant k$ 标准化,有
$$Z = \frac{X-166}{93} \leqslant \frac{k-166}{93} \tag{2.3.11}$$

从而有
$$0.819 = P(X \leqslant k)$$
$$= P\left(\frac{X-166}{93} \leqslant \frac{k-166}{93}\right)$$
$$= P\left(Z \leqslant \frac{k-166}{93}\right)$$
$$= \Phi\left(\frac{k-166}{93}\right)$$

查标准正态分布表,对应 0.819,得
$$\frac{k-166}{93} = 0.91$$

于是 $k \approx 251$。最低录取分为 251 分,故该考生 256 分可以录取。

(2)
$$P(X \leqslant 256) = P\left(\frac{X-166}{93} \leqslant \frac{256-166}{93}\right)$$
$$= P\left(Z \leqslant \frac{256-166}{93}\right)$$
$$= 0.831$$

即有
$$P(X > 256) = 1 - P(X \leqslant 256)$$
$$= 1 - 0.831$$
$$= 0.169$$

由 $1\,657 \times 0.169 \approx 282$ 可知,超过 256 分的考生大约有 282 名,该考生至多排至 283 名,因此不能录取为正式员工。

*例 2.3.4 已知某车间的工人完成某道工序的时间 X 服从正态分布 $N(10,3^2)$,试求:

(1) 从该车间的工人中任选一人,其完成该道工序的时间至少为 7 min 的概率;

(2) 为保障生产连续进行,要求以 95% 的概率保证工序上工人的工作时间不超过 15 min,这一要求能否得到保证。

解 根据题意知 $X \sim N(10,3^2)$。

(1) 由公式 $P(X \leqslant x) = \Phi\left(\dfrac{x-\mu}{\sigma}\right)$ 得
$$P(X \geqslant 7) = 1 - P(X < 7)$$
$$= 1 - \Phi\left(\frac{7-10}{3}\right)$$
$$= 1 - \Phi(-1)$$
$$= \Phi(1)$$
$$= 0.841\,3$$

即从该车间的工人中任选一人,其完成该道工序的时间至少为 7 min 的概率为 0.841 3。

(2) 由公式 $P(a < X \leqslant b) = \Phi\left(\dfrac{b-\mu}{\sigma}\right) - \Phi\left(\dfrac{a-\mu}{\sigma}\right)$ 得
$$P(0 < X \leqslant 15) = \Phi\left(\frac{15-10}{3}\right) - \Phi\left(\frac{0-10}{3}\right)$$
$$= \Phi(1.67) - \Phi(-3.33)$$
$$= \Phi(1.67) + \Phi(3.33) - 1$$
$$\approx 0.952\,5$$

此处用到 $\Phi(3.33) \approx 1$,由以上计算可知 $0.952\,5 > 0.95$,即有 95% 的概率保证该工序上工人的工作时间不超过 15 min,可以保障生产连续进行。

习题 1 Z 服从标准正态分布,求:

(1) $P(Z < 1.93)$;

(2) $P(Z > -2.25)$;

(3) $P(-1.20 \leqslant Z < 2.34)$;

(4) $P(Z \leqslant 0.56)$;

(5) $P(Z < -2.56$ 或 $Z > 1.79)$。

习题 2 这学期实用商务数学课成绩 $\mu = 75$,若其服从正态分布,且 $\sigma = 13.4$,求:

(1) 实用商务数学课成绩低于 60 分的百分比;

(2) 实用商务数学课成绩高于 80 分的百分比;

(3) 实用商务数学课成绩在 60 分到 75 分之间的百分比;

(4) 处于第 25 个百分位数的实用商务数学课成绩。

习题 3 过去 40 年,股票月回报率近似服从正态分布 $\mu = 0.75, \sigma = 4.2$。

(1) 求处于第 80 个百分位数的股票月回报率;

(2) 求使得 $-X$ 到 X 之间处于中间 95% 的 X 值。

习题 4(乘车路线选择) 从某地乘车前往火车站,有两条路线可供选择。

线路一:穿过市区,路程较短,但交通拥挤,所需时间 $X \sim N(50, 10^2)$(时间的单位为分钟)。

线路二:沿环城公路走,路较长,但堵塞较少,所用时间 $Y \sim N(60, 4^2)$(时间的单位为分钟)。

现在下述时间限制下,应走哪条路?

(1) 有 70 min 可用;

(2) 只有 65 min 可用。

习题 5 某省普通高考成绩 $X \sim N(480, 80^2)$。

(1) 求考试成绩在 440~515 分之间的学生所占比例;

(2) 假定某人成绩为 630 分,则求取得了比他高的成绩的学生比例。

2.3.3 用正态分布逼近二项分布

当二项随机试验(n 重伯努利试验)中独立试验的次数 n 很大时,如果 p 的值很小,可用泊松分布逼近二项分布;如果 p 的值不是很小,可用正态分布逼近二项分布。

定理 2.3.1 正态分布逼近二项分布。

如果 $X \sim B(n, p)$,且 $np(1-p) \geqslant 10$,则近似地有 $X \sim N(\mu_X, \sigma_X^2)$,其中 $\mu_X = np, \sigma_X = \sqrt{np(1-p)}$。

例 2.3.5(正态曲线逼近二项分布) 根据统计,每天股票市场中大约 3% 的股票停止交易。在 600 支股票构成的简单随机样本中,小于 20 支股票停止交易的概率是多少?

分析 (1) 判定是否是二项随机试验;

(2) 计算二项概率十分困难,验证 $np(1-p) \geqslant 10$,然后用正态分布逼近二项分布;

(3) 用正态分布逼近二项分布的公式 $P(X < 20) = P(X \leqslant 19)$。

解 (1) 相当于 $n = 600$ 的二项随机试验,每次检验为一次试验,股票停止交易为成功,其概率 $p = 0.06$。设 X 表示 600 支股票中停止交易的数量,则有

$$X \sim B(600, 0.03)$$

(2) 证 $np(1-p) \geqslant 10$。

事实上,有

$$np(1-p) = 600 \times 0.03 \times 0.97 = 17.46 > 10$$

可用正态分布逼近二项分布。

(3) 二项分布下的概率 $P(X < 20) = P(X \leqslant 19)$ 等于正态曲线下方 $X = 19.5$ 左方的面积,其中正态分布均值 $\mu_X = np = 600 \times 0.03 = 18$,标准差 $\sigma_X = \sqrt{np(1-p)} = \sqrt{17.46} = 4.18$,即 $X \sim N(18, 4.18^2)$,求 $P(X < 19.5)$。于是,有

$$P(X < 19.5) = P\left(\frac{X - \mu_X}{\sigma_X} < \frac{19.5 - 18}{4.18}\right) = P(Z < 0.36) = \Phi(0.36)$$

由附表Ⅰ可知,标准正态曲线下方 $Z = 0.36$ 左方图形的面积为 0.640 4。因此,600 支股票中小于 20 支股票停止交易的概率为 64.04%。

习题 6 根据调查,2016 年我市的高中升学率(高中升高等院校)为 76.3%。李瑞认为实际的比例要高于这个比例。为此,他进行了一次调查,在全市选取 $n = 1\,000$ 高中毕业生的随机样本,经调查有 800 个高中毕业生升入高等院校。李瑞可以得到什么结论?

*2.3.4　用 Excel 计算正态分布的概率

两个 Excel 函数可以用来计算正态分布的概率,即 NORMDIST(x, mean, standard-deviation, cumulative) 和 NORMSDIST(z)。NORMDIST(x, mean, standard-deviation, cumulative) 计算给定均值和标准差的累积概率 $F(x) = P(X \leqslant x)$(cumulative 必须设置为 TURE,如果设置为 FALSE,它提供 $f(x)$ 的值,没有实际意义);NORMSDIST(z) 计算标准正态分布的累积概率。

为说明如何应用正态分布,假设顾客的需求服从正态分布的均值是 750 单位/月,标准差是 100 单位/月,要知道以下信息:

(1) 需求最多为 900 单位的概率;
(2) 需求超过 700 单位的概率;
(3) 需求在 700 ~ 900 单位之间的概率;
(4) 需求在超过多少单位以上,其发生的概率不超过 10%。

图 2.3.3 所示为用 NORMSDIST 函数求出的累积概率。

为回答以上问题,首先画出图形,图 2.3.4(a) 显示了需求不超过 900 单位的概率,即 $P(X < 900)$,也就是 $x = 900$ 时的累积概率,即 0.933 2。图 2.3.4(b) 显示了需求超过 700 单位的概率,即 $P(X > 700)$ 的数值,其可由求余法则计算,即

$$\begin{aligned} P(X > 700) &= 1 - P(X < 700) \\ &= 1 - F(700) \\ &= 1 - 0.308\,5 \\ &= 0.691\,5 \end{aligned}$$

需求在 700 ~ 900 单位内的概率,即 $P(700 < X < 900)$,如图 2.3.4(c) 所示,可由下式得出,即

$$\begin{aligned} P(700 < X < 900) &= P(X < 900) - P(X < 700) \\ &= F(900) - F(700) \\ &= 0.933\,2 - 0.308\,5 \end{aligned}$$

$$=0.6247$$

	A	B	C	D	E	F
1	Normal Probabilities					
2						
3	Mean	750				
4	Standard Deviation	100				
5			=NORMDIST(A7,B3,B4,TRUE)			
6	x	F(x)				
7	500	0.0062				
8	550	0.0228				
9	600	0.0668				
10	650	0.1587				
11	700	0.3085				
12	750	0.5000				
13	800	0.6915				
14	850	0.8413				
15	900	0.9332				
16	950	0.9772				
17	1000	0.9938				

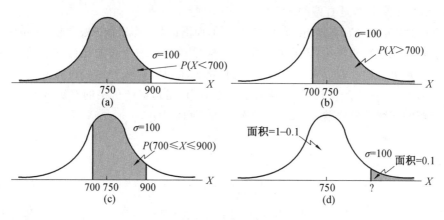

图 2.3.3　用 NORMSDIST 函数求出的累积概率

图 2.3.4　计算正态分布概率

第三个问题有点复杂，问题是要找到一个需求水平，只有 10% 的情况下，需求会超出这一水平，也就是找到 x 使 $P(X>x)=0.10$，如图 2.3.4(d) 所示，右侧 0.1 的概率相当于左侧 0.9 的累计概率。从图 2.3.3 中可以看出，需求水平一定在 850 ～ 900 单位，因为 $P(850)=0.8413$ 且 $P(900)=0.9332$，所以可以通过在 850 ～ 900 单位内积分来求出这一需求水平。

另一种供高效且准确的方法是用 Excel 中的单变量求解工具。当知道公式的结果，但不知道公式中自变量的取值时，可以用单变量求解工具，在这个例子中要找到使得 $F(x)=0.9$ 的 x 值，可以选择图 2.3.3 中的任意任何一行来定义单变量求解工具需输入的内容。例如，选择第 14 行，在单变量求解对话框中，目标单元格输入 B14，目标值输入 0.9，可变单元格输入 A14，最终结果是 878。

*2.3.5 对数正态分布

如果随机变量 X 的自然对数 $\ln X$ 服从正态分布,那么称 X 服从对数正态分布。对数正态分布的密度函数是右偏的,而且大于零,其图形如图 2.3.5 所示。

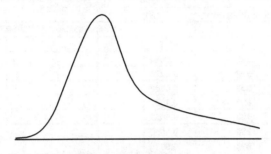

图 2.3.5 对数正态分布

这里需记住三点:

(1) 如果随机变量 X 的自然对数 $\ln X \sim N(\mu,\sigma^2)$,则称 X 服从对数正态分布;

(2) 对数正态分布的随机变量,其取值一定大于零;

(3) 对数正态分布是右偏的。

通常用对数正态分布来描述股票价格的运动,而用正态分布来描述股票收益率的运动。

由于资产价格取非负值,因此假定资产价格呈对数正态分布要比假定其为通常意义下的正态分布更合适。假设资产在时刻 t 的价格为 S_t,从 t 时刻开始经过时间间隔 Δt 后的资产价格为 $S_{t+\Delta t}$,称资产价格 S_t 服从对数正态分布,是指资产价格的对数或等价地在 Δt 时段内资产的连续计息收益率, $r\Delta t$ 呈正态分布,即有

$$S_{t+\Delta t} = S_t e^{-r\Delta t}$$

或等价有

$$\ln \frac{S_{t+\Delta t}}{S_t} = r\Delta t \tag{2.3.12}$$

呈正态分布,记该正态分布的均值为 $\mu\Delta t$,方差为 $\sigma\Delta t$,其中 μ 和 σ 分别为资产年收益率对数的均值和标准差,记此随机变量为 Y,则 $Y \sim N(\mu\Delta t, \sigma^2 \Delta t)$。

将随机变量 Y 标准化,得

$$Z = \frac{Y - \mu\Delta t}{\sigma\sqrt{\Delta t}} \tag{2.3.13}$$

则 $Z \sim N(0,1)$,且有

$$Y = \mu\Delta t + \sigma Z \Delta t \tag{2.3.14}$$

由于 $r\Delta t \sim N(\mu\Delta t, \sigma^2 \Delta t)$,因此将 $r\Delta t$ 代入式(2.3.14)中的 Y,则有

$$r\Delta t = \mu\Delta t + \sigma Z \Delta t \tag{2.3.15}$$

代入式(2.3.13)得

$$S_{t+\Delta t} = S_t e^{\mu\Delta t + \sigma Z \Delta t} \tag{2.3.16}$$

用式(2.3.16)可模拟资产在未来某个时间内价格以及价格的可能分布。

为进一步理解资产价格对数的分布的意义,通过随机产生足够数量的标准正态分布

的随机数 Z，代入式(2.3.16)，以模拟成大量的资产价格并观察其分布，以此构成蒙特卡罗模拟方法。

若已知 $S_0 > 0$，对任意的 $a > S_0$ 及 $b > a$，在下一个交易日即 $\Delta t = 1$ 时资产价格 S_1 位于 (a,b) 之间的概率为

$$P(a < S_1 < b) = P(\ln a < \ln S_1 < \ln b)$$

由于 $S_1 = S_0 e^{\mu + \sigma Z}$，因此

$$\ln S_1 = \ln S_0 + (\mu + \sigma Z) \tag{2.3.17}$$

式中，$Z \sim N(0,1)$。

于是，有

$$\ln S_1 \sim N(\ln S_0 + \mu, \sigma^2)$$

由式(2.3.17)有

$$Z = \frac{\ln \dfrac{S_1}{S_0} - \mu}{\sigma} \tag{2.3.18}$$

于是，有

$$\begin{aligned}
P(a < S_1 < b) &= P(\ln a < \ln S_1 < \ln b) \\
&= P\left(\frac{\ln \dfrac{a}{S_0} - \mu}{\sigma} < \frac{\ln \dfrac{S_1}{S_0} - \mu}{\sigma} < \frac{\ln \dfrac{b}{S_0} - \mu}{\sigma}\right) \\
&= P\left(\frac{\ln \dfrac{a}{S_0} - \mu}{\sigma} < Z < \frac{\ln \dfrac{b}{S_0} - \mu}{\sigma}\right) \\
&= \Phi\left(\frac{\ln \dfrac{b}{S_0} - \mu}{\sigma}\right) - \Phi\left(\frac{\ln \dfrac{a}{S_0} - \mu}{\sigma}\right)
\end{aligned}$$

第 3 章

数理统计基础

本章包括四节。

3.1 节介绍抽样与抽样分布。

3.2 介绍参数估计,其中包括点估计与区间估计。

3.3 节介绍假设检验,主要介绍假设检验的基本原理及对总体均值进行假设检验的方法。

3.4 节介绍相关与回归分析的基本内容和方法。

其中,标"*"章节为选学内容,可根据学时不同选用。

3.1 抽样与抽样分布

学习目标:

- 理解全及总体与抽样总体、重复抽样与非重复抽样、抽样框及样本个数等基本概念
- 学会常用的抽样方法
- 理解抽样分布的概念
- 能够计算样本均值的抽样分布的均值
- 计算从正态总体中得到样本均值的概率
- 利用中心极限定理计算样本均值的概率

3.1.1 基本概念

1. 全及总体和抽样总体

(1) 全及总体。

全及总体简称总体,是指所要认识对象的全体,是由具有某种共同性质的许多单位组成的。因此,总体也就是具有同一性质的许多单位的集合体。例如,要研究某城市全部职工的生活水平,则该城市全部职工即构成全及总体;要研究某乡粮食亩产水平,则该乡的全部粮食播种面积即是全及总体。

通常全及总体的单位数用大写的英文字母 N 来表示。作为全及总体,单位数 N 虽然有限,但总是很大,大到几千、几万、几十万、几百万,如人口总体、棉花纤维总体、粮食产量

总体等。对无限总体的认识,只能采用抽样的方法;而对于有限总体的认识,理论上虽可以应用全面调查来搜集资料,但实际上往往因不可能或不经济而借助抽样的方法以求得对有效总体的认识。

(2) 抽样总体。

抽样总体简称样本,是从全及总体中随机抽取出来、代表全及总体部分单位的集合体。

抽样总体的单位数通常用小写英文字母 n 表示。对于全及总体单位数 N 来说,n 是一个很小的数,它可以是 N 的几十分之一、几百分之一、几千分之一、几万分之一。一般认为 $n \geqslant 30$ 为大样本,$n < 30$ 为小样本。统计中抽取的样本多为大样本,社会经济现象的抽样调查多取大样本,而自然试验观察则多取小样本。以很小的样本来推断很大的总体是抽样调查的一个特点。

全及总体是唯一确定的,但抽样总体并非如此,一个全及总体可能抽取很多个抽样总体,全部样本的可能数目与每一样本的容量有关,也与随机抽样的方法有关。不同的样本容量和取样方法,样本的可能数目也有很大的差别。抽样本身是一种手段,目的在于对总体做出判断。因此,样本容量要多大、怎样取样、样本的数目可能有多少及它们的分布怎样都关系到对总体判断的准确程度,需要认真加以研究。

2. 重复抽样和不重复抽样

(1) 重复抽样。

重复抽样又称重置抽样、有放回的抽样,是指从全及总体 N 个单位中随机抽取一个容量为 n 的样本,每次抽中的单位经记录其有关变量值后又放回总体中重新参加下一次的抽选。每次从总体中抽取一个单位,可看作一次试验,连续进行多次试验就构成了一个样本。因此,重置抽样的样本是经 n 次相互独立的连续试验形成的,每次试验均是在相同的条件下完全按照随机原则进行的。

(2) 不重复抽样。

不重复抽样又称不重置抽样、无放回的抽样,是指从全及总体 N 个单位中随机抽取一个容量为 n 的样本,每次抽中的单位记录其有关标志表现后不再放回总体中参加下一次的抽选。经过连续 n 次不重置抽选单位构成样本,实质上相当于一次性同时从总体中抽中 n 个单位构成样本,上一次的抽选结果会直接影响到下一次抽选。因此,不重置抽样的样本是经 n 次相互联系的连续试验形成的。

3. 抽样框与样本个数

(1) 抽样框。

抽样框又称抽样结构,是指对可以选择作为样本的总体单位列出名册或排序编号,以确定总体的抽样范围和结构。设计出了抽样框后,便可采用抽签的方式或按照随机数表来抽取必要的单位数。若没有抽样框,则不能计算样本单位的概率,从而也就无法进行概率选样。

(2) 样本个数。

样本个数又称样本的可能数目,是指从总体 N 个单位中随机抽选 n 个单位构成样本,通常有多种抽选方法,每一种抽选方法实际上是 n 个总体单位的一种排列组合,一种排列组合便构成一个可能的样本,n 个总体单位的排列组合总数称为样本的可能数目。

样本可能数目的多少与样本容量、抽样方法、对样本的要求等因素有关。

① 重复抽样考虑顺序。从总体 N 个不同单位每次抽取 n 个允许重复的排列,形成的样本可能数目为

$$B_N^n = N^n$$

② 重复抽样不考虑顺序。从总体 N 个不同单位每次抽取 n 个允许重复的组合,它等于 $N+n-1$ 个不同单位每次抽取 n 个不重复的组合,形成的样本可能数目为

$$D_N^n = C_{N+n-1}^n = \frac{(N+n-1)(N+n-2)\cdots[(N+n-1)-(n-1)]}{n!}$$

③ 不重复抽样考虑顺序。从总体 N 个不同单位每次抽取 n 个不重复的排列,形成的样本可能数目为

$$A_N^n = N(N-1)(N-2)\cdots(N-n+1) = \frac{N!}{(N-n)!}$$

④ 不重复抽样不考虑顺序。从总体 N 个不同单位每次抽取 n 个不重复的组合,形成的样本可能数目为

$$C_N^n = \frac{N(N-1)(N-2)\cdots(N-n+1)}{n!} = \frac{N!}{n(N-n)!}$$

由上述不同方式抽样所形成的样本可能数目的计算可以看出,不重复抽样的可能样本数目比重复抽样少。

4. 抽样与抽样方法

抽样是指从总体中抽取样本。常见的抽样方法有以下几种。

(1) 简单随机抽样。

简单随机抽样又称纯随机抽样,是最简单、应用最普遍的抽样组织方法。它是按照随机性直接从总体的全部单位中抽取若干个单位作为样本单位,保证总体中每个单位在抽选中都有同等被抽中的机会。简单随机抽样在理论上是最符合随机抽样原则的。随机抽选样本单位的具体做法有以下两种。

① 抽签法。根据抽样框,每个单位都编有 $1\sim N$ 的唯一的编号。可以制作 N 个完全一样的分别标注 $1\sim N$ 的标签,充分拌匀后逐个抽出 n 个标签,然后根据抽样框找到相应的抽样单位进行现场调查,从而得到一个简单随机样本。

如果总体比较大,抽签法就显得比较笨重,实施起来不太方便,甚至根本无法实施。此时,可利用随机数字表法。

② 随机数字表法。随机数字表是供抽样使用,由 $0\sim9$ 这 10 个数码随机排列组成的多位数字表。在使用前先将总体的全部单位编号,并根据编号的位数确定使用表中数字的列数;然后从任意一行、任意一列、任意方向开始数,遇到编号范围内的数字就作为样本单位,遇到超过编号范围的就跳过去,直到抽够样本单位数目为止。

(2) 分层抽样。

在抽样调查实践中,经常遇到的情况是:在动手设计抽样方案之前,对所要研究的总体已有了某种程度的了解。例如,已知总体单位分属不同类型的子总体,已知与调查标志的一些辅助标志,等等。此时,可以利用这种事先获得的有关信息来改进抽样方案设计,以提高抽样推断的精度。分层抽样就是这样一种组织方法。

分层抽样又称类型抽样,它是先将总体各单位按某一相关标志分成若干个类型组,然后按比例从各类型组中随机抽取样本单位。例如,在职工家庭生活调查中,可先将全体职工分为工业、商业、文教、卫生等部门,然后从这些部门中按一定比例抽选基本单位和职工户。采用这种抽样方法可以提高样本的代表性,减少抽样误差,对于那些总体情况复杂、各单位之间差异较大、单位数量较多的抽样调查问题,一般都可以采用分层抽样的方法进行抽查。例如,要了解一所小学学生的身高情况就可以采用分层抽样。

由于各个类型组的单位数一般是不相等的,因此从各个类型组中抽取多少样本单位有两种不同的确定方法:一种是按各组标志值变动的大小来确定,没有统一的抽样比例;另一种是按比例,即保持每组样本单位数与样本容量之比等于各组总体单位数与全及总体单位数之比。

例如,设总体由 N 个单位组成,把总体分成 k 组,使 $N=N_1+N_2+\cdots+N_k$,若样本的总容量为 n,则从第 i 组抽取的样本单位数 n_i 应满足

$$\frac{n_i}{n}=\frac{N_i}{N}$$

因此,各组抽取的样本单位数应为

$$n_i=\frac{N_i}{N}n$$

并且各组抽取的样本单位数之和等于样本总容量。

(3) 系统抽样。

等距抽样又称机械抽样或系统抽样,它是将总体各单位按某一标志进行排列,然后按固定的间隔来抽取样本单位的抽样组织形式。

根据需要抽取的样本单位数 n 和总体单位数 N,可以计算出等距抽样的间隔大小,即

$$k=\frac{N}{n}$$

总体排序标志是由总体的有关辅助信息确定的,与调查标志可以有关也可以无关。调查表明,按门牌号码排序就是无关标志。但是,选择排序标志与实际调查标志间如果存在密切联系,则要比无关标志排列的机械抽样更为优越。例如,农产量调查按平均亩产量高低排序、职工家计调查按平均工资多少排序都可缩小各单位间的差异程度,有利于提高样本的代表性。

等距抽样的间隔应避免与现象本身的节奏性或循环周期相重合。例如,在进行农作物产量调查时,抽样间隔就应避免与农作物垄长或间距相重合;在进行工业产品质量调查时,产品抽样时间间隔不宜与上下班时间相一致。这样就会避免产生系统偏差而影响样本的代表性。

(4) 整群抽样。

整群抽样是将总体所有单位划分为若干个群(组),然后以群(组)为单位从中随机抽取部分群(组),对抽中的群(组)内所有单位进行全面调查的抽样组织形式。例如,调查某县小学教育情况,可以从该县中随机抽取若干所小学,然后对抽中的小学进行全面调查。整群抽样与前三种抽样组织方法相比,抽样单位范围扩大了,即抽取的基本单位不再是总体而是群(组)。

(5) 阶段抽样。

如果总体范围很大,则有必要采用阶段抽样的组织形式。所谓阶段抽样,就是先从总体中选出大范围的单位,再从选中的大单位中抽取较小范围的单位,依此类推,最后从更小的范围确定样本基本单位。这种抽样方式在我国的农产量调查、职工家计调查中都很适用,先从全国选出各个省,再从抽中的省中抽出市、县,最后抽出样本的基本单位。

在数理统计阶段,最常用的抽样方法为简单随机抽样与分层抽样,具体使用哪种方法进行抽样,要视具体情况而定。

习题1 在某大学的在校生中利用简单随机抽样方法,抽取样本容量为20的样本,设计一种简单随机抽样的方案。

例3.1.1 要在1 000只股票中抽取100只股票,构造股票指数。先把所有1 000只股票按照市值大小分为大盘股、中盘股和小盘股三种,然后每种里面分为价值型和成长型两种(表3.1.1),试设计随机抽样方法。

表3.1.1 1 000只股票的分层

股票类型	大盘股	中盘股	小盘股
价值型	280	120	190
成长型	140	170	100

解 (1)分层随机抽样。首先将1 000只股票分为表3.1.1中的6个子集,然后在每个子集中简单随机抽取10%。

例如,价值型大盘股共280只,现用简单随机抽样方法抽取10%,即28只股票,然后将6组抽取的10%的样本合到一起,得到容量为100的样本。

(2)简单随机抽样。将总体1 000只股票放在一起,简单随机抽取100只股票,那么有可能抽取的100个股票在一个格子里。例如,可能全是中盘成长型的股票。因此,此法不可取。

3.1.2 抽样分布与中心极限定理

在抽样中,通常感兴趣的总体指标是未知的,称为总体参数。对于总体均值μ、总体标准差σ,如果它们是未知的,就称为总体参数。总体参数是一个确定的变量,但在实际中,其通常因一些原因而没有办法知道,是未知的,需要通过样本数据所确定的统计量对它们进行估计与推断。

由数据的收集可知,统计量的值(如样本均值)从相同容量的一个样本到另一个样本是不同的,因此统计量的值是一个随机变量,会随着样本的变化而变化,使用样本的统计量对总体参数进行估计与推断时,一定要讨论统计量的值的不确定性,需将统计量按随机变量进行处理,其首要问题是弄清概率分布,至少要知道均值、标准差等几个主要数字特征。

1. 样本均值的抽样分布

通常,统计量的抽样分布是由容量为n的不同样本计算出来该统计量所有可能取值的概率分布。例如,正态样本均值的抽样分布就是从均值为μ、标准差为σ的总体中抽出

容量为 n 的样本,计算出来随机变量 $\overline{X}$ 的所有可能值的概率分布。

求样本均值的抽样分布的步骤如下:

(1) 获得一个容量为 n 的简单随机样本;

(2) 计算其样本均值;

(3) 假设抽样的总体为有限的,重复步骤(1)、(2),直到计算出容量为 n 的所有简单随机样本的均值;

(4) 做出样本均值的分类统计表。

下面以一个实例说明上述思想。

例 3.1.2(说明抽样分布) 某教研室共 7 位教师,调查每位教师所用的计算机的年数得到如下数据:
$$1,3,5,7,3,2,4$$

(1) 计算这个观测总体的均值;

(2) 求出容量 $n=2$ 的样本均值的抽样分布;

(3) 计算随机选一个样本均值,恰在 3～5 年的概率。

分析 按求抽样分布的步骤进行。

解 (1) 在这个总体中,共有 7 个个体,总体的均值为
$$\mu = \frac{1+3+5+7+3+2+4}{7} = \frac{25}{7} = 3.57$$

(2) 在总体中,每次不放回选 2 个,共得 $C_7^2=21$ 个 $n=2$ 的样本,将 21 个样本及其均值列在表 3.1.2 中。

表3.1.2 $n=2$ 的样本全体及其均值 $\overline{X}$

样本	$\overline{X}$	样本	$\overline{X}$	样本	$\overline{X}$
1,3	2	3,7	5	5,4	4.5
1,5	3	3,3	3	7,3	5
1,7	4	3,2	2.5	7,2	4.5
1,3	2	3,4	3.5	7,4	5.5
1,2	1.5	5,7	6	3,2	2.5
1,4	2.5	5,3	4	3,4	3.5
3,5	4	5,2	3.5	2,4	3

求出 $\overline{X}$ 的频数、频率分类统计表,见表 3.1.3。因为是古典概型,所以其中概率=频率。

表3.1.3 样本均值 $\overline{X}$ 的抽样分布列表

样本均值 $\overline{X}$	频数	频率
1.5	1	1/21
2	2	2/21
2.5	3	3/21

续表3.1.3

样本均值 $\overline{X}$	频数	频率
3	3	3/21
3.5	3	3/21
4	3	3/21
4.5	2	2/21
5	2	2/21
5.5	1	1/21
6	1	1/21

(3) 由表 3.1.3 得

$$p(3 \leqslant \overline{X} \leqslant 5) = \frac{3}{21} + \frac{3}{21} + \frac{3}{21} + \frac{2}{21} + \frac{2}{21} = \frac{13}{21} = 0.619$$

下面根据表 3.1.3 作概率直方图,如图 3.1.1 所示,注意 $\mu = 3.57$。

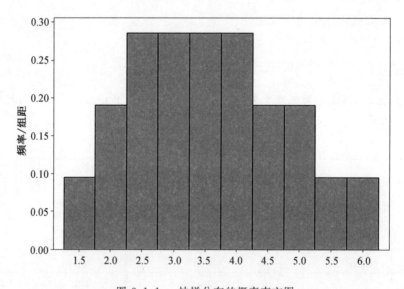

图 3.1.1 抽样分布的概率直方图

由例 3.1.2 可见,做为统计量的样本均值 $\overline{X}$,它的取值是不确定的,因此需讨论其概率分布。在实践中,从总体得到容量为 n 的简单随机样本,样本统计量的概率分布(即抽样分布)是根据统计理论确定的。

例 3.1.3(正态总体的样本均值的抽样分布) 已知某手机待机时长呈正态分布,其均值为 $\mu = 47.97$ h,标准差 $\sigma = 3.23$ h。通过在上述总体中取 100 个容量为 $n = 5$ 的简单随机样本来逼近样本均值 $\overline{X}$ 的抽样分布,并作出频率直方图。

分析 用统计软件按下述步骤进行模拟:
(1) 使用模拟方法,从总体中得到 100 个容量为 $n = 5$ 的简单随机样本;
(2) 计算每个样本的均值;

(3) 画出样本均值 $\overline{X}$ 的频率直方图;

(4) 计算样本均值 $\overline{X}$ 抽样分布的均值 $\mu_{\overline{X}}$ 与标准差 $\sigma_{\overline{X}}$。

解 (1) 使用统计软件,用模拟方法从总体中得到 100 个容量为 $n=5$ 的简单随机样本,见表 3.1.4。

表 3.1.4　100 个容量为 $n=5$ 的简单随机样本及均值

样本	样本容量 $n=5$					样本均值
1	53.98	43.43	46.58	45.19	52.65	48.37
2	46.42	40.80	45.06	49.35	46.53	45.63
3	54.95	46.08	44.76	45.70	45.07	47.31
4	42.98	44.61	47.16	49.71	48.05	46.50
5	46.83	42.50	44.39	48.25	50.61	46.52
6	45.78	46.75	50.21	49.56	49.39	48.34
7	49.43	40.17	49.80	47.66	45.59	46.53
8	53.95	47.65	43.72	46.25	42.72	46.86
9	50.94	51.28	44.33	44.22	53.18	48.79
10	47.94	50.95	49.73	42.30	48.85	47.95
11	45.09	46.21	47.23	49.28	47.88	47.14
12	47.44	48.95	44.33	43.19	51.95	47.17
13	50.69	50.89	49.30	46.63	50.13	49.53
14	47.37	53.88	46.25	47.78	47.25	48.51
15	52.28	44.69	46.83	47.25	48.95	48.00
16	44.13	44.56	50.04	43.54	46.35	45.73
17	50.41	48.67	53.28	52.10	49.59	50.81
18	49.99	51.28	45.68	46.72	52.57	49.25
19	50.81	48.49	51.35	47.61	46.27	48.91
20	49.03	45.98	44.92	49.65	45.96	47.11
21	51.28	48.85	49.72	43.86	49.70	48.68
22	43.71	48.76	51.24	49.08	53.04	49.17
23	49.39	49.65	47.46	48.69	42.18	47.47
24	47.42	46.91	50.62	42.25	46.46	46.73
25	42.34	49.25	53.11	46.18	50.85	48.34
26	44.67	55.98	48.37	44.69	48.17	48.38
27	52.11	46.14	43.53	48.35	47.87	47.60
28	50.95	40.95	49.40	48.66	44.39	46.87
29	46.99	46.88	45.56	50.36	53.37	48.63

续表3.1.4

样本	样本容量 $n=5$					样本均值
30	47.48	44.47	46.59	47.99	42.87	45.88
31	43.79	49.19	46.13	51.77	47.04	47.59
32	51.56	55.97	48.06	46.92	44.90	49.48
33	44.23	46.09	49.52	44.28	52.11	47.25
34	50.21	46.03	47.32	48.17	44.47	47.24
35	43.32	51.87	49.17	51.93	54.72	50.20
36	45.41	54.22	48.43	48.41	48.28	48.95
37	48.04	52.63	51.11	47.78	46.67	49.25
38	51.24	50.18	45.29	48.83	46.50	48.41
39	48.37	47.86	43.32	46.21	43.63	45.88
40	48.54	51.67	44.50	40.41	47.58	46.54
41	44.44	44.98	44.58	43.51	44.56	44.41
42	49.01	47.91	50.21	43.29	43.28	46.74
43	52.10	49.39	43.29	50.27	48.44	48.70
44	53.54	47.43	47.44	43.65	43.71	47.15
45	50.36	52.50	49.41	48.42	49.19	49.97
46	47.62	48.46	51.32	46.23	52.65	49.26
47	45.11	52.85	34.67	51.22	42.51	45.27
48	45.49	48.59	47.15	54.54	44.28	48.01
49	46.28	45.05	50.51	51.09	46.24	47.84
50	44.70	44.47	47.78	47.43	48.24	46.52
51	51.56	52.71	46.10	44.51	49.16	48.81
52	42.47	47.12	46.16	52.57	49.01	47.47
53	55.81	42.99	47.32	43.26	44.29	46.73
54	40.96	45.79	45.29	53.37	47.63	46.61
55	49.70	51.45	49.31	48.05	47.64	49.23
56	51.10	50.57	46.91	49.98	48.74	49.46
57	45.83	48.59	52.99	45.03	48.81	48.25
58	50.20	46.08	48.51	48.41	44.79	47.60
59	51.13	43.70	52.03	51.97	44.63	48.69
60	43.86	47.16	51.38	46.30	45.06	46.75
61	38.97	46.08	45.03	46.56	50.45	45.42

续表3.1.4

样本	样本容量 $n=5$					样本均值
62	48.94	47.84	50.01	48.43	52.50	49.54
63	48.90	50.34	47.23	44.13	45.82	47.28
64	47.67	46.48	47.33	54.54	46.94	48.59
65	50.58	54.08	50.78	46.34	51.03	50.56
66	44.42	45.48	42.23	46.58	47.17	45.17
67	51.85	45.49	51.55	49.45	49.27	49.52
68	46.64	54.36	51.20	48.12	48.67	49.80
69	48.73	54.36	48.00	41.49	49.16	48.35
70	44.96	52.57	50.75	49.12	52.07	49.90
71	47.47	47.14	44.56	44.71	48.68	46.51
72	47.02	45.25	46.91	45.16	46.95	46.26
73	44.06	48.20	51.21	52.57	41.76	47.56
74	47.50	49.61	43.86	54.72	38.39	46.82
75	46.81	43.24	51.67	49.88	50.81	48.48
76	48.70	51.50	47.30	47.52	47.33	48.47
77	51.45	53.32	47.83	46.14	49.09	49.57
78	46.25	49.15	48.77	49.17	47.31	48.13
79	50.06	50.98	47.62	54.72	46.50	49.98
80	51.38	52.51	52.28	47.25	49.17	50.52
81	47.61	47.89	45.33	45.77	45.66	46.45
82	46.91	45.57	47.07	40.98	48.31	45.77
83	50.21	52.58	50.83	46.44	55.44	51.10
84	43.19	47.46	46.09	50.91	45.96	46.72
85	51.02	50.88	47.82	46.93	49.64	49.26
86	51.62	51.65	48.17	50.64	42.78	48.97
87	47.99	49.73	43.94	50.83	43.35	47.17
88	47.54	52.30	48.39	40.92	48.19	47.47
89	49.17	46.45	47.42	40.01	40.40	44.69
90	42.81	47.70	50.71	48.09	41.00	46.06
91	51.87	45.26	48.54	49.55	49.45	48.93
92	44.90	54.72	49.17	45.16	49.87	48.76
93	51.98	49.06	47.89	49.55	50.04	49.70

续表3.1.4

样本	样本容量 $n=5$					样本均值
94	51.80	45.73	50.91	46.94	45.04	48.09
95	51.00	44.13	44.50	51.32	44.63	47.12
96	47.12	49.17	46.01	46.82	46.99	47.22
97	46.58	46.76	49.41	47.41	47.04	47.44
98	52.07	54.86	50.08	48.93	40.92	49.37
99	47.05	48.77	42.58	47.30	52.38	47.61
100	46.83	48.39	49.16	46.00	50.13	48.10

（2）计算出表3.1.4中100个样本的样本均值，并列在表3.1.4最后一列。

（3）画出100个样本均值的直方图，如图3.1.2所示。

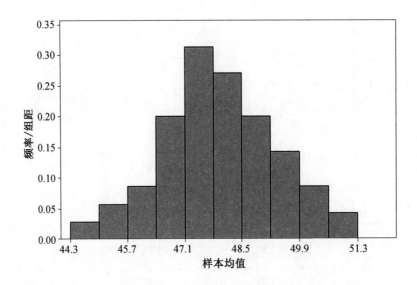

图3.1.2 100个样本均值的直方图

经计算，100个样本均值的均值为47.97，标准差为1.423。

由上例可见，如果总体是正态的且 $\mu=47.97$，$\sigma=3.23$，则图3.1.2表明，样本均值 $\overline{X}$ 的分布也是正态的，即均值也是47.97，而样本均值 $\overline{X}$ 的标准差下降为1.423。这时，关于样本均值 $\overline{X}$ 的抽样分布有如下结论：

（1）抽样分布是正态分布；

（2）抽样分布的均值等于总体均值；

（3）抽样分布的标准差小于总体标准差。

定理3.1.1(样本均值 $\overline{X}$ 的抽样分布的均值与标准差) 假设容量为 n 的简单随机样本取自均值为 μ、标准差为 σ 的总体，则样本均值 $\overline{X}$ 的抽样分布的均值 $\mu_{\overline{X}}=\mu$，标准差 $\sigma_{\overline{X}}=\dfrac{\sigma}{\sqrt{n}}$。

对于例 3.1.3 中的总体而言,如果抽取 $n=5$ 的简单随机样本,则样本均值 $\overline{X}$ 的抽样分布有均值 $\mu_{\overline{x}}=47.97$,且 $\sigma_{\overline{x}}=\dfrac{\sigma}{\sqrt{n}}=\dfrac{3.23}{\sqrt{5}}$。

当选取样本的总体是正态的时,有理由相信样本均值 $\overline{X}$ 的抽样分布一定是正态的。

定理 3.1.2 如果随机变量 $X \sim N(\mu,\sigma^2)$,则容量为 n 的样本均值 $\overline{X}$ 是一个随机变量,且 $\overline{X} \sim N\left(\mu,\left(\dfrac{\sigma}{\sqrt{n}}\right)^2\right)$。

例如,某手机待机时间为服从正态分布、均值为 47.97 h、标准差为 3.23 h 的随机变量。此手机待机时间的容量 $n=5$,简单随机样本均值 $\overline{X}$ 的概率分布是正态的,且 $\mu_{\overline{X}}=47.97$ h,$\sigma_{\overline{X}}=\dfrac{3.23}{\sqrt{5}}$ h(图 3.1.4)。

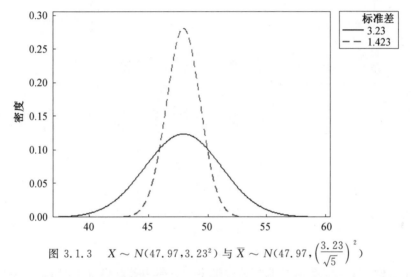

图 3.1.3 $X \sim N(47.97, 3.23^2)$ 与 $\overline{X} \sim N\left(47.97,\left(\dfrac{3.23}{\sqrt{5}}\right)^2\right)$

例 3.1.4(应用样本均值的抽样分布计算概率) 某手机待机时间 X 服从均值 $\mu=47.97$ h、标准差 $\sigma=3.23$ h 的正态分布。计算抽得 $n=10$ 的简单随机样本,使得样本均值大于 50 h 的概率,即计算 $P(\overline{X}>50)$。

分析 随机变量 X 是正态分布的,所以 $\overline{X}$ 的抽样分布也是正态分布的。抽样分布的均值为 $\mu_{\overline{X}}=\mu=47.97$,且它的标准差为 $\sigma_{\overline{X}}=\dfrac{\sigma}{\sqrt{n}}=\dfrac{3.23}{\sqrt{10}}$。然后,利用 Z - 标准分,有

$$P(\overline{X}>50)=P\left(\dfrac{\overline{X}-\mu_{\overline{X}}}{\sigma_{\overline{X}}}>\dfrac{50-\mu_{\overline{X}}}{\sigma_{\overline{X}}}\right)$$

解 样本均值 $\overline{X}$ 服从正态分布,且具有均值 $\mu_{\overline{X}}=47.97$ h,标准差 $\sigma_{\overline{X}}=\dfrac{\sigma}{\sqrt{n}}=\dfrac{3.23}{\sqrt{10}}=1.00$ h。图 3.1.5 所示为标出预求面积的正态曲线。

将 $\overline{X}=50$ 化为 Z - 标准化,有

$$Z=\dfrac{\overline{X}-\mu_{\overline{X}}}{\sigma_{\overline{X}}}=\dfrac{\overline{X}-\mu_{\overline{X}}}{\dfrac{\sigma}{\sqrt{10}}}=\dfrac{50-47.97}{1.00}=2.03$$

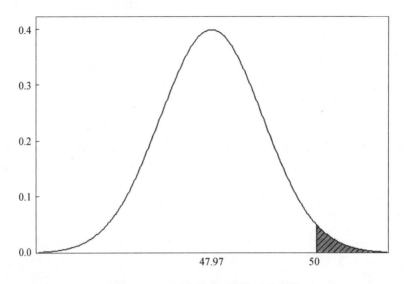

图 3.1.4　标出预求面积的正态曲线

因此

$$P(\overline{X} > 50) = P\left(\frac{\overline{X} - \mu_{\overline{X}}}{\frac{\sigma}{\sqrt{10}}} > \frac{50 - 47.97}{1.00}\right)$$

$$= P(Z > 2.03)$$

$$= 1 - P(Z < 2.03)$$

$$= 1 - \Phi(2.03)$$

由附表 Ⅱ 得 $\Phi(2.03) = 0.9788$，因此

$$P(\overline{X} > 50) = 1 - 0.9788 = 0.0212$$

说明：从均值为 47.97 h，标准差为 3.23 h 的总体中抽取容量 $n = 10$ 的简单随机样本，使样本均值大于 50 h 的概率为 0.0212。这表明，如果从这个均值为 47.97 的总体中抽取 100 个 $n = 10$ 的简单随机样本，约有 2 个样本，则其样本均值大于或等于 50 h。

2. 中心极限定理

* **例 3.1.5**（从非正态总体中抽取容量为 n 的样本均值的抽样分布）　图 3.1.5 所示为均值与标准差均为 10 的指数分布密度函数。指数分布通常用来表示电子器件寿命模型及为顾客服务所需时间模型等。

显然，指数分布不是正态的。从服从该分布的总体中，以模拟的方式分别选取样本容量为 $n = 3$、$n = 12$ 和 $n = 30$ 的 300 个随机样本，逼近样本均值的抽样分布。

分析　(1) 使用统计软件获得每种容量的 300 个随机样本。

(2) 计算 300 个随机样本中每个样本的均值。

(3) 分别画出三种容量的 300 样本均值的分组频数条形图。

解　(1) 使用统计软件，得到 $n = 3$、$n = 12$ 和 $n = 30$ 的 300 个随机样本。例如，取容量 $n = 30$ 的第一个随机样本，所得结果见表 3.1.5。

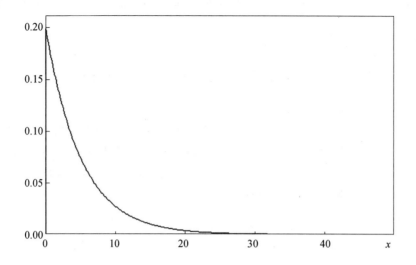

图 3.1.5　均值与标准差均为 10 的指数分布密度函数

表3.1.5　容量为 $n=30$ 的随机样本

9.2	20.0	17.0	2.4	2.6	19.9	21.2	5.7	8.1	10.8
1.2	22.3	18.4	4.2	9.9	41.8	4.2	1.2	10.8	2.1
11.3	17.9	28.0	12.1	3.0	0.5	4.5	14.2	5.0	11.4

（2）使用统计软件计算 300 个随机样本中每一个样本均值。例如，$n=30$ 的第一个样本的样本均值为 11.36。

（3）图 3.1.6(a) 所示为由模拟容量 $n=3$ 的 300 随机样本而得到样本均值 $\overline{X}$ 的分组频数条形图；图 3.1.6(b) 所示为由模拟 $n=12$ 的 300 随机样本而得到的样本均值 $\overline{X}$ 的分组频率条形图；图 3.1.6(c) 所示为由模拟 $n=30$ 的 300 个随机样本而得到的样本均值 $\overline{X}$ 的分组频率条形图。

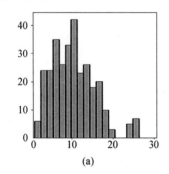
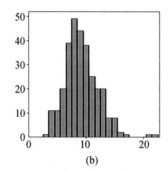
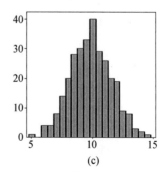

图 3.1.6　样本均值 $\overline{x}$ 的频数条形图

由上述模拟结果可以看出，随着样本容量 n 的增加，尽管总体明显不是正态的，但样本均值的抽样分布会变得越来越正态。

定理 3.1.3(中心极限定理)　设随机变量 X 具有总体均值 μ 与总体标准差 σ，对 $n \geqslant$

1,若 $X_1, X_2, \cdots, X_n$ 为变量 X 的 n 次重复观测值,即从观测总体中选取容量为 n 的简单随机样本 $X_1, X_2, \cdots, X_n$,令 $\overline{X}_n = \dfrac{1}{n}\sum\limits_{k=1}^{n} x_k$,有

$$\lim_{n \to \infty} P\left(\dfrac{\sqrt{n}(\overline{X}_n - \mu)}{\sigma} < x\right) = \Phi(x), \quad x \in \mathbf{R}^1$$

式中,$\Phi(\cdot)$ 为标准正态分布函数。

由本节及此定理可知,如果随机变量 X 服从正态分布,那么样本均值 $\overline{X}$ 的抽样分布也是正态的。如果样本容量足够大,则无论总体的分布如何,样本均值 $\overline{X}$ 的抽样分布为近似正态。统计学家认为,如果样本容量 $n \geqslant 30$,则样本均值 $\overline{X}_n$ 的抽样分布可认为是近似正态的。由中心极限定理,近似地有

$$\overline{X}_n \sim N\left(\mu, \dfrac{\sigma}{\sqrt{n}}\right)$$

即有

$$P(\overline{X}_n < x) = F_{\mu, \frac{\sigma}{\sqrt{n}}}(x)$$

例 3.1.6(利用中心极限定理计算概率) 北方科技大学的女生体重服从正态分布,平均值为 51.96 kg,标准差为 6.31 kg,随机选取 1 名女生,其体重超过 57 kg 的概率是多少?如果随机选取 30 名女生,她们平均体重超过 57 kg 的概率是多少?

分析 女生体重服从 $N(51.96, 6.31^2)$,X 为任选一女生的体重,令 $Z = \dfrac{X - 51.96}{6.31}$,则 $Z \sim N(0,1)$。

随机选 30 名女生,平均体重为 $\overline{X}$,求 $P(\overline{X} > 57)$,$n = 30$,$\mu_{\overline{X}} = 51.96$,$\sigma_{\overline{X}} = \dfrac{\sigma}{\sqrt{n}} = \dfrac{6.31}{\sqrt{30}} = 1.05$,用中心极限定理有

$$P(\overline{X} > 57) = 1 - P(\overline{X} < 57) = 1 - F_{51.96, 1.05}(57)$$

解 (1) 设 X 为所选女生的体重,则 $Z = \dfrac{X - 51.96}{6.31} \sim N(0,1)$。

$$\begin{aligned}
P(X > 57) &= P\left(\dfrac{X - 51.96}{6.31} > \dfrac{57 - 51.96}{6.31}\right) \\
&= P(Z > 0.80) \\
&= 1 - P(Z < 0.80) \\
&= 1 - \Phi(0.8) \\
&= 0.211\,9
\end{aligned}$$

(2) 设 $\overline{X}$ 为 30 名女生体重的样本均值,则有

$$\mu_{\overline{X}} = 51.96$$

$$\sigma_{\overline{X}} = \dfrac{\sigma}{\sqrt{n}} = \dfrac{6.31}{\sqrt{30}} = 1.15 \quad \sigma_{\overline{X}} = \dfrac{\sigma}{\sqrt{n}} = \dfrac{6.31}{\sqrt{30}} = 1.05$$

由中心极限定理知

$$P(\overline{X} > 57) \approx 1 - F_{51.96,1.15}(57)$$
$$= 1 - \Phi\left(\frac{57 - 51.96}{1.15}\right)$$
$$= 1 - \Phi(4.3)$$
$$\approx 0$$

习题 2 根据调查,我市高中以上教育程度的在职人员工资均值为 $\mu=3\,586$,标准差为 $\sigma=210$,一位普查人员进行一项调查,选取高中以上教育程度的 33 位在职人员构成一个简单随机样本,得到工资收入的一个样本均值 $\overline{x}=3\,676$。任选一个由 33 位高中以上教育程度的在职人员构成的简单随机样本,考查其工资收入,样本均值大于或等于 3 676 的概率是多少? 调查结果非通常的吗? 为什么?

习题 3 根据有关机构调查,家用电视机的平均寿命为 6.5 年,标准差为 3.6 年。选一个容量为 50 的家用电视机样本,其均值为 4.7 年。随机选一个容量为 50 的家用电视机样本计算其平均寿命等于或低于 4.7 年的概率。

习题 4 这学期实用商务数学导论课成绩 $\mu=75$,若其服从正态分布,$\sigma=13.4$,试求:
(1) 随机选一个容量为 15 的试卷样本成绩均值高于 60 分的概率;
(2) 随机选一个容量为 20 的试卷样本成绩均值高于 60 分的概率;
(3) 增加样本容量产生什么影响,解释这个结果;
(4) 如果一个容量为 20 的试卷样本成绩均值高于 60 分,该怎样评论。

*3.1.3 抽样误差

1. 抽样误差概述

当总体参数未知时,往往会将抽样调查所得的抽样指标的观察值作为总体指标的估计值,这种处理方法是存在一定误差的,把样本指标与所要估计的总体指标之间的差值称为抽样误差。抽样误差的大小能够说明用样本指标估计总体指标是否可行、抽样效果是否理想等问题。

定义 3.1.1 抽样误差是指随机抽样的偶然因素使样本各单位的结构不足以代表总体各单位的结构,而引起样本指标和总体指标之间的绝对离差。

例如,全班同学平均每月的零花钱为 2 500 元,老师随机抽取了 10 名同学,这些同学的每月零花钱平均为 2 300 元,这样抽样的实际误差就是 2 500 − 2 300 =200(元)。

影响抽样误差的因素主要有以下几种。

① 总体各单位标志值的差异程度。一般来说,总体标志值的离散程度越大,在样本容量等因素不变的情况下,抽样误差也会越大。例如,为比较某市 20 世纪 70 年代和现在的人均收入,同样抽取 100 个样本,则 20 世纪 70 年代抽取的样本就会比现在抽取的样本误差小。这是因为 20 世纪 70 年代个人收入的差距不大,都在其平均值附近,抽样误差当然不大;而现在个人收入差异很大,与平均值比较,误差就相对大了。

② 抽样样本的单位数。一般来说,抽取的样本单位数即样本容量越大,误差就越小。

③ 抽样的方法。不同的抽样方法也会影响抽样误差,如重复抽样和不重复抽样

④ 抽样的组织形式。抽样的不同组织方式,对抽样误差也有很大影响。一般情况下,分层抽样就比简单随机抽样的误差小。

关于抽样误差,需要注意如下几点:首先,抽样误差是样本统计量与总体参数之间的绝对差异;其次,对于任何一个样本,其抽样误差都不可能测量出来;最后,抽样误差的大小可以依据概率分布理论加以说明。

2. 抽样平均误差

定义 3.1.2 抽样平均误差就是样本指标的标准差。

以样本均值为例,假如用样本均值估计总体均值,由于抽样的随机性,样本均值是一个随机变量,而总体均值是个参数,是固定的,因此用样本均值估计总体均值必然存在误差。随机变量的分布如果比较集中,则平均误差就会比较小;如果很分散,则误差就会较大。而样本均值的离散程度是用标准差来衡量的。也就是说,样本均值的标准差就反映了样本均值和总体均值的误差程度。

抽样平均误差的作用主要表现在它能够说明样本指标代表性的大小。平均误差大,说明样本指标对总体指标的代表性低;反之,则说明样本指标对总体指标的代表性高。

(1) 样本均值的抽样平均误差。

假设总体的均值为 μ,方差为 σ^2,以 $\mu_{\bar{x}}$ 表示样本均值的平均误差,则根据抽样方式的不同,可以计算得到不同形式的抽样平均误差。

① 重复抽样情形。假设从总体中独立重复地抽出的样本为 $x_1, x_2, \cdots, x_n$,就是说它们是简单随机样本,也就是说它们是独立的,且与总体有相同的分布。

可以证明样本均值的抽样平均误差为

$$\mu_{\bar{x}} = \sqrt{\frac{\sigma^2}{n}} = \frac{\sigma}{\sqrt{n}}$$

当方差为已知时,可以用上面的公式计算平均数的抽样平均误差。

当方差为未知时,可以用样本方差 s 代替、用历史资料代替或者用试验结果估算。

例 3.1.7 某讨论小组有 A、B、C、D 四名同学,其统计学作业分数分别为 80、90、70、60。现从中重复随机抽取两名同学,试计算其平均分数的抽样平均误差。

解 总体均值和总体方差分别为

$$\mu = \frac{1}{4}(80 + 90 + 70 + 60) = 75(\text{分})$$

$$\sigma^2 = \frac{1}{4}\big[(80-75)^2 + (90-75)^2 + (70-75)^2 + (60-75)^2\big] = 125$$

样本容量 $n = 2$,根据平均数的抽样平均误差的计算公式,有

$$\mu_{\bar{x}} = \frac{\sigma}{\sqrt{n}} = \sqrt{\frac{125}{2}} = 7.91(\text{分})$$

习题 5 从 40、50、70、80 中抽取三个组成样本,在重复抽样下,求抽样平均误差。

② 不重复抽样情形。当抽样方式不重复抽样时,样本不是独立的,由数理统计知识可知

$$\mu_{\bar{x}} = \sqrt{\frac{\sigma}{n}\left(\frac{N-n}{N-1}\right)}$$

当 N 充分大时,上述公式变为

$$\mu_{\bar{x}} = \sqrt{\frac{\sigma^2}{n}\left(1 - \frac{n}{N}\right)}$$

差别是多了一个 $\left(1 - \frac{n}{N}\right)$,称为修正系数,修正系数大于 0 小于 1,所以不重复抽样的误差小于重复抽样的误差,当总体单位数很大时,该修正系数无意义。

例 3.1.8 某讨论小组有 A、B、C、D 四名同学,其统计学作业分数分别为 80、90、70、60。现从中不重复地随机抽取两名同学,试计算其平均分数的抽样平均误差。

解 前例中已经算得 $\sigma^2 = 125, n = 2, N = 4$,则有

$$\mu_{\bar{x}} = \sqrt{\frac{\sigma^2}{n}\left(\frac{N-n}{N-1}\right)} = \sqrt{\frac{125}{2} \times \left(\frac{4-2}{4-1}\right)} = 6.45$$

可见,在不重复抽样的条件下,所有可能的样本均值的平均值与重复抽样是一样的,但是其抽样平均误差比重复抽样情形要小一些。其原因可以这样"直观"地理解:不重复抽样排除了每次都抽到极端值的可能,因此降低了抽样误差。

习题 6 从 40、50、70、80 中抽取三个组成样本,在不重复抽样下,求抽样平均误差。

习题 7 从某校 8 000 名学生中随机抽取 400 人,称得其平均体重为 58 kg,标准差为 10 kg。试计算抽样平均误差(分别考虑重复抽样和不重复抽样两种情形)。

(2) 抽样极限误差。

抽样平均误差只是衡量误差可能范围的一种尺度,它并不等同于抽样指标与总体指标之间的真实误差。总体参数是一个确定的常数,而样本统计量会因抽取样本的不同而围绕总体参数随机取值。所以样本统计量与总体参数之间存在一个误差范围。

所谓抽样误差范围是指变动的样本估计值与确定的总体参数值之间离差的可能范围,可以用样本估计值与总体参数的最大绝对误差限 Δ 表示,一般将称这一误差限称为抽样极限误差。记为

$$\Delta_{\bar{x}} = |\bar{x} - \bar{X}|$$

若有了抽样极限误差,则总体均值的可能范围可以用下式估计,即

$$\bar{x} - \Delta_{\bar{x}} \leqslant \bar{X} \leqslant \bar{x} + \Delta_{\bar{x}}$$

例如,要估计某地区整车货物到达的平均运送时间。从交付的全部整车货物 26 193 批中,用不重复抽样抽取 2 718 批货物。若运训的抽样极限误差 $\Delta_{\bar{x}} = 0.215$(天),经计算得知所抽取的每批货物平均运送时间为 $\bar{x} = 5.64$(天),那么该地区整车到站货物的平均运送时间的区间估计为 $(5.64 - 0.125, 5.64 - 0.125)$,即在 $5.515 \sim 5.765$ 天范围内。

3.2 参数估计

学习目标:

- 理解总体参数点估计的无偏性、一致性、有效性
- 理解总体参数区间区间中置信水平的含义
- 理解在总体方差 σ^2 已知的条件下,总体均值 μ 的区间估计

- 了解在 σ 未知的条件下，总体均值 μ 的区间估计
- 了解总体标准差 σ 的区间估计

3.2.1 参数估计的基本原理

根据样本统计量对总体参数所做的估计称为总体参数估计，简称参数估计，分为点估计和区间估计。

1. 点估计

定义 3.2.1 用某一样本统计量的值来估计相应总体参数的值称为总体参数的点估计。

例如，从某市抽取 200 名 8 岁儿童进行智力测验，得到 200 个 IQ 分数值，经计算得样本均值 $\bar{x}=103$ 分，样本标准差 $s=16$ 分，则 103 分就是全市 8 岁儿童智力测验平均分 μ 的点估计值，而 16 分是全市 8 岁儿童智力测验分数的标准差 σ 的点估计值。

点估计的优点在于它能够提供总体参数的具体估计值，可以作为行动决策的数量依据。例如，推销部门针对某种产品估计全年销售额数值，并分出每月销售额，便可传递给生产部分，作为制订生产计划的依据；而生产部门又可将每月产量计划传递给采购部门，作为制订原材料计划的依据；等等。点估计也有不足之处，它不能提供误差情况如何、误差程度有多高等重要信息。

点估计的评价标准如下。

（1）无偏性。

当用某一个样本统计量的值估计其对应的总体参数值时，总会有所偏差，有的大于总体参数，有的小于总体参数。如果对任一固定容量 n 的一切可能个样本，统计量的值与总体参数值的偏差的平均数为 0，则称这种样本统计量为总体参数的无偏估计量。如果存在容量为 n 的一切样本统计量的值与总体参数值的偏差的平均数不为 0，这样的统计量就是总体参数的有偏估计。例如，样本均值 $\bar{X}$ 为总体均值 μ 的无偏估计，即 $\mu = E(\bar{X})$，但是样本标准差 σ_X 为总体标准差 σ 的有偏估计，其中

$$\sigma_X^2 = \frac{1}{n}\sum_{i=1}^{n}(X_i - \bar{X})^2 \tag{3.2.1}$$

将上式中的 n 换为 $n-1$，得

$$s^2 = \frac{1}{n-1}\sum_{i=1}^{n}(X_i - \bar{X})^2 \tag{3.2.2}$$

而 s 为 σ 的无偏估计。

（2）一致性。

当样本容量 n 无限增大时，样本统计量的值能够越来越接近它所估计的总体参数值，这种统计量是总体参数的一致性估计量。例如，样本均值 $\bar{X}$ 为总体均值 μ 的一致性统计量，样本标准差 σ_X 与 s 也是总体标准差 σ 的一致性统计量。

（3）有效性。

当总体参数不止一种无偏估计时，某一种统计量的一切可能样本值的方差小者为有效性高，方差大者为有效性低。例如，样本均值 $\bar{X}$ 与样本中位数 x_M 都是总体均值 μ 的无

偏估计,但只有 $\overline{X}$ 的一切可能样本值的方差最小,因此 $\overline{X}$ 为 μ 有效性最高的估计量。

定义 3.2.2　具有无偏性、一致性、有效性的点估计称为最佳点估计。

可见,样本均值 $\overline{X}$ 的值 $\overline{x}$ 为总体均值 μ 的最佳点估计。

例 3.2.1(计算 μ 的最佳点估计)　估计 2018 年 1 月,我国城市日照时间均值。

分析　选容量 $n=15$ 的简单随机样本,其观测日照时间见表 3.2.1。

表3.2.1　2018 年 1 月 15 个城市日照时间随机样本

143.7	70.1	183.9
152.7	147.1	15.4
81.3	189.8	115.2
48.4	160.2	122.2
105	98.1	143.1

用样本均值作为 μ 的点估计。

解　样本均值 $\overline{x}$ 为

$$\overline{x} = \frac{143.7+70.1+\cdots+143.1}{15} = 118.41 \text{ (h)}$$

因此,2018 年 1 月,我国城市日照时间均值的最佳点估计为 118.41 h。

点估计总是以误差存在为前提,而且它不能指出准确估计的概率有多大。为此,需讨论区间估计。

2. 区间估计

如果以样本统计量的抽样分布为依据,按照一定概率要求,由样本统计量的值,估计总体参数值的所在范围,称为总体参数的区间估计。

定义 3.2.3　总体参数的置信区间估计由数值区间连同该区间包含未知参数的可能性的度量置信水平构成。置信区间的置信水平表示容量 n 固定时重复抽取样本所得到置信区间全体中,包含未知参数的区间所占的比例,以 $(1-\alpha)100\%$ 记置信水平。

确切来说,所谓的区间估计,就是以一定的概率保证估计包含总体参数的一个范围,即根据样本指标和抽样平均误差推断总体指标的可能范围。它包括两部分内容:一是这一可能范围的大小;二是总体指标落在这个可能范围内的概率。区间估计既说明了估计结果的准确程度,又同时表明这个估计结果的可靠程度,所以区间估计是比较科学的。

下面以实例说明总体参数区间估计的基本原理。

从正态总体中随机抽取容量为 n、样本均值为 $\overline{X}$ 的抽样分布,是以 $\mu_{\overline{X}} = \mu$ 为中心,以 $\sigma_{\overline{X}} = \frac{\sigma}{\sqrt{n}}$ 为弯曲变化点坐标的正态分布。注意到 μ 为未知参数,如果 σ 已知,Z - 标准分

$$Z = \frac{\sqrt{n}\,(\overline{X}-\mu)}{\sigma}$$

$Z \sim N(0,1)$。由附表 Ⅰ 知,标准正态曲线下方,处于 $Z=0$ 与 $Z=1.96$ 之间的面积为 0.475,则 $Z=-1.96$ 与 $Z=1.96$ 之间的面积为 $0.475 \times 2 = 0.95$。因此

$$P(-1.96 < Z < 1.96) = 0.95$$

由 $Z = \dfrac{\sqrt{n}(\overline{X} - \mu)}{\sigma}$ 得

$$P\left(-1.96 < \dfrac{\sqrt{n}(\overline{X} - \mu)}{\sigma} < 1.96\right) = 0.95$$

将 $-1.96 < \dfrac{\sqrt{n}(\overline{X} - \mu)}{\sigma} < 1.96$ 变换为

$$\overline{X} - 1.96 \dfrac{\sigma}{\sqrt{n}} < \mu < \overline{X} + 1.96 \dfrac{\sigma}{\sqrt{n}}$$

于是，有

$$P\left(\overline{X} - 1.96 \dfrac{\sigma}{\sqrt{n}} < \mu < \overline{X} + 1.96 \dfrac{\sigma}{\sqrt{n}}\right) = 0.95$$

这表示，总体均值 μ 有 95% 的可能性出现在区间 $\left(\overline{X} - 1.96 \dfrac{\sigma}{\sqrt{n}}, \overline{X} + 1.96 \dfrac{\sigma}{\sqrt{n}}\right)$ 内。

取 $\bar{x}$ 为样本均值 $\overline{X}$ 的值，区间 $\left(\bar{x} - 1.96 \dfrac{\sigma}{\sqrt{n}}, \bar{x} + 1.96 \dfrac{\sigma}{\sqrt{n}}\right)$ 为总体均值 μ 的置信区间。

0.95 称为总体的均值 μ 落在区间 $\left(\bar{x} - 1.96 \dfrac{\sigma}{\sqrt{n}}, \bar{x} + 1.96 \dfrac{\sigma}{\sqrt{n}}\right)$ 内的置信水平。

通常将 95% 置信区间记为

$$\bar{x} \pm 1.96 \dfrac{\sigma}{\sqrt{n}}$$

式中，$\bar{x}$ 为统计量 $\overline{X}$ 的一个值。因此，可见置信区间具有如下形式，即

$$\text{点估计} \pm \text{抽样极限误差}$$

式中，点估计为样本均值 $\overline{X}$ 的值 $\bar{x}$，而抽样极限误差为 $1.96 \dfrac{\sigma}{\sqrt{n}}$。

3.2.2 σ 已知时总体均值 μ 的区间估计

总体均值的区间估计（置信区间）依赖下述三个因素：

(1) 总体均值的点估计；

(2) 置信区间包含总体参数的置信水平；

(3) 样本均值的标准差 $\sigma_X = \dfrac{\sigma}{\sqrt{n}}$。

样本均值 $\overline{X}$ 的值 $\bar{x}$ 为总体未知参数均值 μ 的最佳点估计，期望 $\bar{x}$ 的值接近 μ。然而，并不确切地知道 $\bar{x}$ 是如何接近未知 μ 的值，构造未知参数 μ 的置信区间的过程依赖于随机变量 $\overline{X}$ 服从均值为 μ、标准差为 $\dfrac{\sigma}{\sqrt{n}}$ 的正态分布的事实。

下面以模拟实例说明置信区间与置信水平。

例 3.2.2 基于容量 $n = 15$ 的 20 个样本构造 20 个置信水平为 95% 的置信区间。

已知全体男性身高呈正态分布，其均值 $\mu = 170.4$ cm，标准差 $\sigma = 8.3$ cm。通过统计软件用计算机模拟 20 个容量 $n = 15$ 的简单随机样本。使用这 20 个不同的样本，构造总体

参数 μ（此例中，已知 $\mu = 170.4$ cm）的 20 个置信水平为 95% 的置信区间。

分析 （1）用统计软件从服从 $N(170.4, 8.3^2)$ 的总体中得到容量 $n=15$ 的 20 个简单随机样本，计算每个样本的均值。

（2）对每个样本，利用公式

$$\bar{x} \pm 1.96 \frac{\sigma}{\sqrt{n}} = \bar{x} \pm 1.96 \times \frac{8.3}{\sqrt{15}}$$

计算 95% 置信区间。

解 （1）表 3.2.2 表示由统计软件得到的 20 个样本均值 $\bar{X}$ 的值。

表3.2.2 20 个样本均值

172.11	174.14	171.01	171.70	172.13
168.02	171.89	167.22	170.74	168.61
169.47	167.30	172.83	168.94	172.47
168.26	168.22	173.71	166.19	172.30

（2）对 20 个样本均值中的每一个构造相应的置信区间，其结果列在表 3.2.3 中。

表3.2.3 20 个置信区间

样本序号 i	样本均值的值 $\bar{x}_i$	抽样极限误差 $1.96 \times \frac{8.3}{\sqrt{15}}$	置信下界 $\bar{x}_i - 1.96 \times \frac{8.3}{\sqrt{15}}$	置信上界 $\bar{x}_i + 1.96 \times \frac{8.3}{\sqrt{15}}$
1	172.11	4.2	167.91	176.31
2	174.14	4.2	169.94	178.34
3	171.01	4.2	166.81	175.21
4	171.70	4.2	167.50	175.90
5	172.13	4.2	167.93	176.33
6	168.02	4.2	163.82	172.22
7	171.89	4.2	167.69	176.09
8	167.22	4.2	163.02	171.42
9	170.74	4.2	166.54	174.94
10	168.61	4.2	164.41	172.81
11	169.47	4.2	165.27	173.67
12	167.30	4.2	163.10	171.50
13	172.83	4.2	168.63	177.03
14	168.94	4.2	164.74	173.14
15	172.47	4.2	168.27	176.67
16	168.26	4.2	164.06	172.46
17	168.22	4.2	164.02	172.42

续表3.2.3

样本序号 i	样本均值的值 $\bar{x}_i$	抽样极限误差 $1.96 \times \dfrac{8.3}{\sqrt{15}}$	置信下界 $\bar{x}_i - 1.96 \times \dfrac{8.3}{\sqrt{15}}$	置信上界 $\bar{x}_i + 1.96 \times \dfrac{8.3}{\sqrt{15}}$
18	173.71	4.2	169.51	177.91
19	166.19	4.2	161.99	170.39
20	172.30	4.2	168.10	176.50

由表 3.2.3 所得的结果可知,20 个置信区间中,有 19 个区间(19/20＝95%)包含总体参数 $\mu=170.4$。从第 19 个样本未得到包含总体均值 $\mu=170.4$ 的置信区间,其中这个区间下限为 $166.19-4.2=161.99$,上限为 $166.19+4.2=170.39$。

注记 (1) 通过图 3.2.1 可进一步理解例 3.2.2 的模拟结果。这里表示出 $\bar{X}$ 的抽样分布及例 3.2.2 中 20 个置信区间。注意对应 $\bar{x}=166.19$ 的区间与 $\mu=170.4$ 不相交。

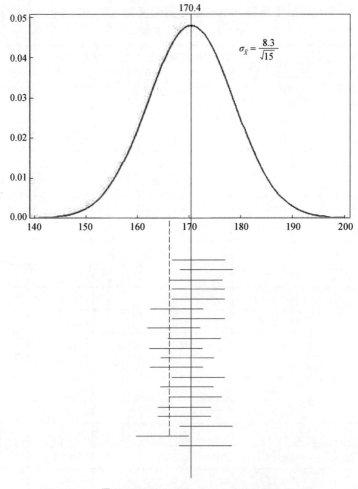

图 3.2.1　$\bar{X}$ 的抽样分布及例 3.2.2 中 20 个置信区间

(2) 95% 置信区间可以解释为这样的事实：如果得到容量为 n 的 100 个简单随机样本，所构造出的对应置信区间将有约 95 个包含总体均值 μ。但在上例中，恰好有 20 个区间中 95% 的区间包含总体参数 $\mu = 170.4$，这是偶然的，如重复模拟将有不同结果。

习题 1 从标准差 $\sigma = 4.5$ 的正态总体中抽取一个样本容量为 $n = 30$ 的简单随机样本，样本均值 $\bar{x} = 20.5$，构造置信水平为 95% 的置信区间。

当然，并不是仅对置信水平为 95% 的置信区间感兴趣。对应任意的实数 $\alpha \in (0,1)$，设 $Z_{\frac{\alpha}{2}}$ 表示 $Z-$ 标准分，使得标准正态曲线在 $Z_{\frac{\alpha}{2}}$ 右方的下方图形面积为 $\frac{\alpha}{2}$（图 3.2.2）。

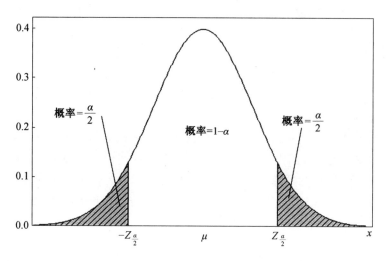

图 3.2.2　$Z_{\frac{\alpha}{2}}$ 右方面积

这里，$\pm Z_{\frac{\alpha}{2}}$ 称为分布的临界 $Z-$ 值。当样本均值 $\bar{X}$ 的值 $\bar{x}$ 位于区间 $\left(\mu - Z_{\frac{\alpha}{2}} \frac{\sigma}{\sqrt{n}}, \mu + Z_{\frac{\alpha}{2}} \frac{\sigma}{\sqrt{n}}\right)$ 内时，$\bar{x}$ 的 $Z-$ 标准分 $\frac{\bar{x} - \mu}{\sigma/\sqrt{n}}$ 位于区间 $(-Z_{\frac{\alpha}{2}}, Z_{\frac{\alpha}{2}})$ 内，从而

$$-Z_{\frac{\alpha}{2}} < \frac{\bar{x} - \mu}{\sigma/\sqrt{n}} < Z_{\frac{\alpha}{2}}$$

因此

$$\bar{x} - Z_{\frac{\alpha}{2}} \frac{\sigma}{\sqrt{n}} < \mu < \bar{x} + Z_{\frac{\alpha}{2}} \frac{\sigma}{\sqrt{n}}$$

即区间 $\left(\bar{x} - Z_{\frac{\alpha}{2}} \cdot \frac{\sigma}{\sqrt{n}}, \bar{x} + Z_{\frac{\alpha}{2}} \cdot \frac{\sigma}{\sqrt{n}}\right)$ 包含总体参数，而 $\bar{x}$ 落入区间 $\left(\mu - Z_{\frac{\alpha}{2}} \frac{\sigma}{\sqrt{n}}, \mu + Z_{\frac{\alpha}{2}} \frac{\sigma}{\sqrt{n}}\right)$ 内的概率为 $(1-\alpha)100\%$。

三个常见的置信水平所对应的临界 $Z-$ 值见表 3.2.4。

表 3.2.4　三个常见的置信水平所对应的临界 $Z-$ 值

置信水平 $(1-\alpha)100\%$	每个尾部面积 $\frac{\alpha}{2}$	临界 $Z-$ 值 $Z_{\frac{\alpha}{2}}$
90%	0.05	1.645

续表3.2.4

置信水平$(1-\alpha)100\%$	每个尾部面积 $\dfrac{\alpha}{2}$	临界Z-值 $Z_{\frac{\alpha}{2}}$
95%	0.025	1.96
99%	0.005	2.575

例如，在95%置信区间中，$\alpha=0.05$，所以 $Z_{\frac{\alpha}{2}}=Z_{0.025}=1.96$。这表明，任何样本均值，只要它的值和总体均值的差小于1.96倍的样本标准差，对应的置信区间一定包含总体均值；否则，当样本均值的值与总体参数的距离大于1.96倍的样本标准差时，对应的置信区间一定不含总体参数。这一点极其重要，总体参数 μ 是一个固定的数，对任何计算出来的置信区间，无法推断区间包含 μ 的可能性大小。但是当重复抽取样本，并计算出样本均值及对应的置信区间时，确信约有 $(1-\alpha)100\%$ 的置信区间包含总体均值 μ，因此得到下面的解释。

(1) 置信区间的解释。

$(1-\alpha)100\%$ 置信区间是指：如果从具有未知均值 μ 的总体中取出许多容量为 n 的简单随机样本，对应的置信区间中，约有 $(1-\alpha)100\%$ 的区间包含未知总体参数 μ。

(2) σ 已知的条件下，构造总体未知均值 μ 的 $(1-\alpha)100\%$ 置信区间的方法。

假设总体的标准差 σ 已知，均值 μ 未知，从总体中取出容量为 n 的简单随机样本，关于 μ 的 $(1-\alpha)100\%$ 置信区间由下式给出，即

$$置信下限 = \bar{x} - Z_{\frac{\alpha}{2}} \frac{\sigma}{\sqrt{n}}$$

$$置信上限 = \bar{x} + Z_{\frac{\alpha}{2}} \frac{\sigma}{\sqrt{n}}$$

式中，$Z_{\frac{\alpha}{2}}$ 为临界 Z-值。

注记 (1) 应用上述方法时，样本容量 $n \geqslant 30$ 或总体应该是正态的；

(2) 当讨论小样本时，应该应用统计软件画出频率直方图判定总体的近似正态性。

因为当 σ 已知时，使用 Z-标准分来构造置信区间，故通常说构造 Z-区间。

例3.2.3（构造 Z-置信区间） 在例3.2.1中，2018年1月，我国城市日照时间均值的最佳点估计为118.41 h。假设我国城市日照时间的标准差为31 h，试构造关于总体日照时间均值 μ 的90%置信区间。

分析 (1) 在3.2节例3.2.1中，已有 $n=15$ 的简单随机样本，需画频率直方图验证总体的近似正态性；

(2) 构造90%置信区间，$\alpha=0.10$，因此 $Z_{\frac{\alpha}{2}}=Z_{0.05}$，这是使标准正态曲线下方 $Z_{0.05}$ 右方面积为0.05 的 Z-标准分；

(3) 对 $\bar{x}=118.41$ h，$\sigma=31$ h，$n=15$ 计算置信下界与上界；

(4) 可以说90%置信城市日照时间位于置信下界与上界之间。

解 (1) 对例3.2.1中表3.2.1的数据，应用统计软件画频率直方图，说明总体大致是正态的且无异常值。

(2) 需确定 $Z_{0.05}$，由附表 I 可知 $Z_{0.05}=1.645$。

(3) 将 $\bar{x}=118.41$ h、$\sigma=31$ h、$n=15$ 及 $Z_{0.05}=1.645$ 代入置信区间的下界与上界的公式中，即

$$置信下界 = \bar{x} - Z_{0.05}\frac{\sigma}{\sqrt{n}} = 118.41 - 1.645 \times \frac{31}{\sqrt{15}} = 105.24(h)$$

$$置信上界 = \bar{x} + Z_{0.05}\frac{\sigma}{\sqrt{n}} = 118.41 + 1.645 \times \frac{31}{\sqrt{15}} = 131.58(h)$$

(4) 因此，90% 置信城市日照时间位于 105.24 h 与 131.58 h。

置信区间的宽度由抽样极限误差决定。

定义 3.2.4 如果 σ 已知，在 $(1-\alpha)100\%$ 置信区间中的抽样极限误差 Δ 由下式确定，即

$$\Delta = Z_{\frac{\alpha}{2}} \frac{\sigma}{\sqrt{n}}$$

式中，n 为样本容量；$Z_{\frac{\alpha}{2}}$ 为临界 $Z-$ 值。

注记 (1) 在上述定义中，抽取样本的总体为正态的或样本容量 $n \geqslant 30$。

(2) 抽样极限误差依赖下述三个因素：

① 置信水平；

② 总体的标准差；

③ 样本容量 n。

其中，总体标准差 σ 是已知的，而置信水平与样本容量 n 是可控的。

因此，在总体方差已知的条件下，总体均值的区间估计可由下式计算得出，即

$$\left(\bar{x} - Z_{\frac{\alpha}{2}}\frac{\sigma}{\sqrt{n}}, \bar{x} + Z_{\frac{\alpha}{2}}\frac{\sigma}{\sqrt{n}}\right) = (\bar{x} - \Delta_{\bar{x}}, \bar{x} + \Delta_{\bar{x}})$$

***例 3.2.4** 某厂生产的零件长度服从正态分布，从该厂生产的零件中随机抽取 25 件，测得它们的平均长度为 30.2 cm。已知总体标准差为 0.45 cm，试在置信水平为 95% 的条件下，估计零件平均长度的可能范围。

分析 预计算零件平均长度的可能范围，即求总体均值的置信区间，只需要先求出抽样极限误差，在刺激拆上计算置信区间即可。

解 置信水平为 95%，即 $\alpha=0.05$。

由附表 I 可得 $z_{\frac{\alpha}{2}}=1.96$，故抽样极限误差为

$$\Delta_{\bar{x}} = Z_{\frac{\alpha}{2}}\frac{\sigma}{\sqrt{n}} = 1.96 \times 0.09 = 0.1764$$

总体均值的置信区间为

$$\left(\bar{x} - Z_{\frac{\alpha}{2}}\frac{\sigma}{\sqrt{n}}, \bar{x} + Z_{\frac{\alpha}{2}}\frac{\sigma}{\sqrt{n}}\right) = (\bar{x} - \Delta_{\bar{x}}, \bar{x} + \Delta_{\bar{x}})$$

$$= (30.2 - 0.1764, 30.2 + 0.1764) \approx (30.02, 30.38)$$

即有 95% 的概率保证其零件平均长度在 30.02～30.38 cm 范围内。

习题2 某企业的职工工资服从正态分布,从该企业中随机抽取36人,测得他们的平均工资为3 020元。已知总体标准差为246元,试以95%的置信水平估计该企业职工工资的可能范围。

习题3 一个研究者想要估计出使用了三年且正常行驶的家用汽车行驶的平均公里数。他从某地区抽取了一个样本容量为35的家用汽车简单随机样本,具体结果见表3.2.5。

表3.2.5 家用汽车三年行驶平均公里数统计

37 815	20 000	57 103	46 585	24 822
49 678	30 983	52 969	8 000	39 862
6 000	65 192	34 285	30 906	41 841
39 851	43 000	74 361	52 664	33 587
52 896	45 280	30 000	41 713	76 315
22 442	45 301	52 899	41 526	28 381
55 163	51 812	36 500	31 947	16 529

(1) 计算一个使用了三年且正常行驶的家用汽车行驶公里数的总体均值的点估计。

(2) 构造一个使用了三年且正常行驶的家用汽车行驶公里数总体平均数的99%置信区间,假定 $\sigma=16\ 100$。

(3) 构造一个使用了三年且正常行驶的家用汽车行驶公里数总体均值的95%置信区间,并加以解释,假定 $\sigma=16\ 100$。

习题4 从标准差为 $\sigma=5.1$ 的总体中抽取一个样本量为 n 的简单随机样本,样本均值 $\bar{x}=21.6$。

(1) 如果样本容量 $n=35$,计算95%置信区间。

(2) 如果样本容量 $n=50$,计算95%置信区间,并说明样本容量的大小对误差会产生怎样的影响。

(3) 如果样本容量 $n=35$,计算99%置信区间。与(1)中结果进行比较,说明置信水平的大小对误差会产生怎样的影响。

(4) 如果样本容量 $n=15$,根据已知条件,是否可以计算出一个置信区间?为什么?如果样本容量 $n=15$,总体需要满足什么条件?

3.2.3 σ 未知时总体均值 μ 的区间估计

本节将在 σ 未知的条件下,研究正态总体未知均值 μ 的区间估计,或总体虽不呈正态分布,但当样本容量较大($n \geqslant 30$)时,总体未知均值 μ 的区间估计。这就引出随机变量的一个新分布:t-分布。

1. t-分布

在3.2.2节中,为计算总体未知均值 μ 的置信区间,需满足以下三个条件:

(1) 总体标准差 σ 为已知的;

(2) 抽取样本的总体呈近似正态分布,或抽取样本的容量较大($n \geqslant 30$);

(3) 抽取的样本为简单随机样本。

在上述的三个条件下,总体均值 μ 的 $(1-\alpha)100\%$ 置信区间即 $Z-$ 区间构造为

$$\left(\overline{X} - Z_{\frac{\alpha}{2}} \frac{\sigma}{\sqrt{n}}, \overline{X} + Z_{\frac{\alpha}{2}} \frac{\sigma}{\sqrt{n}}\right)$$

这里的实质是应用了 $Z-$ 变换: $Z = \dfrac{\overline{X} - \mu}{\sigma/\sqrt{n}}$。

当总体标准差 σ 未知时,为构造总体均值 μ 的 $(1-\alpha)100\%$ 置信区间,一个自然的想法是以样本标准差 S 代替总体标准差 σ 并进行分析。然而当 σ 已知时,$Z-$ 标准分 $Z = \dfrac{\overline{X} - \mu}{\sigma/\sqrt{n}} \sim N(0,1)$。然而,不能说当 σ 换为 S 时,随机变量 $\dfrac{\overline{X} - \mu}{S/\sqrt{n}}$ 也服从 $N(0,1)$,因为当 σ 已知时,σ 为确定的实数,而统计量 S 为随机变量,此时随机变量 $T = \dfrac{\overline{X} - \mu}{S/\sqrt{n}}$ 服从一种新的分布,称为具有 $n-1$ 自由度的 $t-$ 分布,记为 $T = \dfrac{\overline{X} - \mu}{S/\sqrt{n}} \sim t(n-1)$。

定理 3.2.1 ($t-$ 分布) 假设从正态总体中抽取容量为 n 的简单随机样本,则随机变量

$$T = \frac{\overline{X} - \mu}{S/\sqrt{n}} \tag{3.2.3}$$

的分布服从具有 $n-1$ 自由度的 $t-$ 分布。这里,$\overline{X}$ 为样本均值,S 为样本标准差。

关于 $t-$ 分布与标准正态分布($Z-$ 分布)的不同,详细的数理研究参见数理统计教材,这里采用计算机模拟的方法进行探索。

(1) 问题探索程序。

① 从均值 $\mu=50$ 和标准差 $\sigma=10$ 的正态总体中抽取 1 000 个容量 $n=5$ 的简单随机样本;

② 计算上述每个样本的样本均值 $\overline{X}$ 的值及样本标准差 S 的值;

③ 对于每个样本计算 $Z = \dfrac{\overline{X} - \mu}{S/\sqrt{n}}$ 和 $T = \dfrac{\overline{X} - \mu}{S/\sqrt{n}}$;

④ 画出 Z 与 T 的频率直方图。

(2) 计算机模拟结果。

用统计软件得到 1 000 个容量为 $n=5$ 的简单随机样本,计算出 1 000 个样本均值与样本标准差。对 1 000 个样本中的每一个计算出 $Z = \dfrac{\overline{X} - \mu}{\sigma/\sqrt{n}} = \dfrac{\overline{X} - 50}{10/\sqrt{5}}$ 与 $T = \dfrac{\overline{X} - \mu}{S/\sqrt{n}} = \dfrac{\overline{X} - 50}{S/\sqrt{5}}$,并且画出 $Z-$ 频率直方图(图 3.2.3(a))及 T 的频率直方图(图 3.2.3(b))。

由图 3.2.3(a) 可见,Z 服从标准正态分布。而由图 3.2.3(b) 可见,T 的分布也是对称、钟形,且以 0 为对称中心的,但 T 的分布比 Z 的分布具有更长的尾巴(即更离散)。因此,T 不可能服从标准正态分布,其重要原因是:以随机变量 $S/\sqrt{n}$ 代替实数 $\sigma/\sqrt{n}$ 引起分布的离散程度变大,导致 T 服从一种新的分布,这种分布称为 $t-$ 分布。

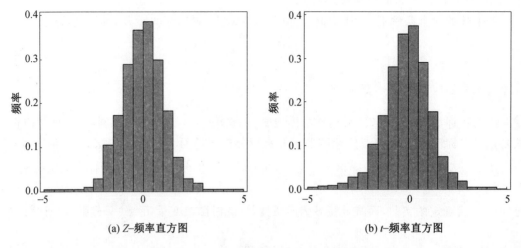

(a) Z-频率直方图 (b) t-频率直方图

图 3.2.3 $Z-$频率直方图和 $t-$频率直方图

(3)$t-$分布的性质。

①$t-$分布随样本容量 n 的不同而不同;

②$t-$分布以 0 为中心,且关于中心对称;

③$t-$分布密度曲线下方面积为 1;

④随着 $|t|$ 趋于 $+\infty$,$t-$分布密度曲线越来越接近横轴;

⑤$t-$分布尾部的面积比标准正态分布尾部的面积略大一些;

⑥随着样本容量 n 的增大,$t-$分布越来越接近标准正态分布(这里是因为由大数定律,当 n 趋于无穷时,S 趋于 σ 的概率为 1)。

上述性质可由图 3.2.4 看出。

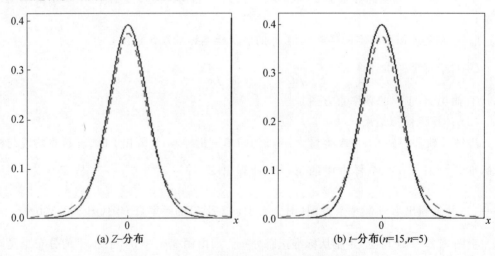

(a) $Z-$分布 (b) $t-$分布($n=15, n=5$)

图 3.2.4 $Z-$频率直方图和 $t-$频率直方图

(4)临界 $t-$值。

t_α 称为临界 $t-$值,表示 $t-$分布密度曲线下方、t_α 右方面积为 α,如图 3.2.5 所示。

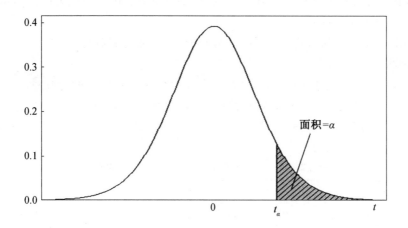

图 3.2.5　$Z-$分布和 $t-$分布

由于 $t-$分布形状依赖样本容量 n，因此 t_α 的值不仅依赖于 α，而且依赖于分布的自由度 $n-1$。

在附表 Ⅱ 中，最左列给出自由度，最顶行给出 $t-$分布密度曲线下方某 $t-$值右方的面积。

例 3.2.5（查找 $t-$值）　查找具有自由度 15 的临界 $t-$值：$t_{0.05}$。

分析　按下述步骤进行。

(1) 画出 $t-$分布简图，标出未知 $t-$值，使曲线下 $t-$值右方面积等于 0.05，如图 3.2.6 所示；

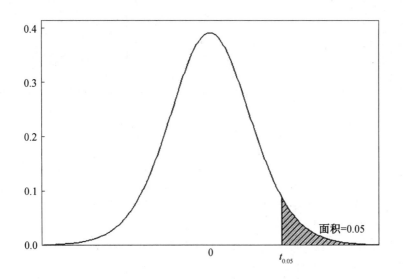

图 3.2.6　$t_{0.05}$ 的意义

(2) 在附表 Ⅱ 中，找出对应自由度 15 的行，以及对应右尾部面积为 0.10 的列，行与列相交的数即为所求 t-值。

解 (1) 图 3.2.6 为自由度 15 的 t-分布的图像，标出未知的 t-值：$t_{0.05}$ 及 $t_{0.05}$ 右方曲线下方面积。

(2) 表 3.2.6 为附表 Ⅱ 的一部分。在其中找到对应自由度 15 的行及对应右方尾部面积 0.05 所对应的列，其行与列相交的数 1.753 就是所求的具有自由度 15 的 $t_{0.05}$ 的值，$t_{0.05}=1.753$。这表明具有自由度 15 的 t-分布密度曲线下方 $t=1.753$ 右方的面积为 0.05。

表 3.2.6　t-分布右尾部面积（附表 Ⅱ 的部分）

df	0.25	0.20	0.15	0.10	0.05	0.025	0.01	0.005	0.0025	0.001	0.0005
1	1.000	1.376	1.963	3.078	6.314	12.710	31.820	63.660	127.300	318.300	636.600
2	0.816	1.061	1.386	1.886	2.920	4.303	6.965	9.925	14.090	22.330	31.600
3	0.765	0.978	1.250	1.638	2.353	3.182	4.541	5.841	7.453	10.210	12.920
4	0.741	0.941	1.190	1.533	2.132	2.776	3.747	4.604	5.598	7.173	8.610
5	0.727	0.920	1.156	1.476	2.015	2.571	3.365	4.032	4.773	5.893	6.869
6	0.718	0.906	1.134	1.440	1.943	2.447	3.143	3.707	4.317	5.208	5.959
7	0.711	0.896	1.119	1.415	1.895	2.365	2.998	3.499	4.029	4.785	5.408
8	0.706	0.889	1.108	1.397	1.860	2.306	2.896	3.355	3.833	4.501	5.041
9	0.703	0.883	1.100	1.383	1.833	2.262	2.821	3.250	3.690	4.297	4.781
10	0.700	0.879	1.093	1.372	1.812	2.228	2.764	3.169	3.581	4.144	4.587
11	0.697	0.876	1.088	1.363	1.796	2.201	2.718	3.106	3.497	4.025	4.437
12	0.695	0.873	1.083	1.356	1.782	2.179	2.681	3.055	3.428	3.930	4.318
13	0.694	0.870	1.079	1.350	1.771	2.160	2.650	3.012	3.372	3.852	4.221
14	0.692	0.868	1.076	1.345	1.761	2.145	2.624	2.977	3.326	3.787	4.140
15	0.691	0.866	1.074	1.341	1.753	2.131	2.602	2.947	3.286	3.733	4.073
16	0.690	0.865	1.071	1.337	1.746	2.120	2.583	2.921	3.252	3.686	4.015
17	0.689	0.863	1.069	1.333	1.740	2.110	2.567	2.898	3.222	3.646	3.965
18	0.688	0.862	1.067	1.330	1.734	2.101	2.552	2.878	3.197	3.610	3.922

注记 如果在附表 Ⅱ 中找不到所要找的自由度与右尾部面积的值，一般需要找到最接近的数值，查找到对应的 t-值。

习题 5 根据附表 Ⅱ 回答以下问题。

(1) 找出自由度为 12 的 t-分布对应右侧面积为 0.1 的 t-值；

(2) 找出自由度为 20 的 t-分布对应右侧面积为 0.05 的 t-值；

(3) 找出自由度为 25 的 t-分布对应左侧面积为 0.01 的 t-值；

(4) 假设自由度为 20，找出对应置信水平为 90% 的 t 值。

2. t－置信区间

(1) σ 未知时,构造总体均值 μ 的 $(1-\alpha)100\%$ 置信区间。

假设总体均值 μ,标准差 σ 均为未知的参数,从总体中抽取容量为 n 的简单随机样本,则关于 μ 的 $(1-\alpha)100\%$ 置信区间为

$$置信下限 = \bar{x} - t_{\frac{\alpha}{2}} \cdot \frac{S}{\sqrt{n}}$$
$$置信上限 = \bar{x} + t_{\frac{\alpha}{2}} \cdot \frac{S}{\sqrt{n}} \tag{3.2.4}$$

式中,$t_{\frac{\alpha}{2}}$ 为具有 $n-1$ 自由度的临界 t－值;$\bar{x}$ 为样本均值 $\overline{X}$ 的值。

注记 (1) 因为当 σ 未知时,置信区间的确定需使用 t－分布,所以称为 t－区间。

(2) t－区间与 Z－区间的唯一区别为:使用 S 代替 σ,用 t 代替 z。

(3) 虽然 t－分布需要选出样本的总体呈正态分布,但是应用 t－区间时,只要总体具有近似正态分布即可,这一点可用正态概率图判定。

(4) 因为在公式 $T = \dfrac{\overline{X} - \mu}{S/\sqrt{n}}$ 中所包含的统计量 $\overline{X}$ 与 S 均对数据的异常值敏感,所以异常值对 t－区间的影响大。

例 3.2.6(σ 未知时,构造 μ 的 t－置信区间) 在例 3.2.1 中,我国城市日照时间均值 μ 的最佳点估计为 $\bar{x} = 118.41$ h。假设日照时间的标准差 σ 是未知的,构造总体均值 μ 的 90% 置信区间。将 15 个数据列在表 3.2.7 中。

表 3.2.7 2018 年 1 月 15 个城市日照时间随机样本

143.7	70.1	183.9
152.7	147.1	15.4
81.3	189.8	115.2
48.4	160.2	122.2
105	98.1	143.1

分析 按照下列 5 步进行:

(1) 画频率直方图,判定总体的近似正态性及数据中有无异常值;

(2) 计算样本标准差 S 的值 s;

(3) 查找 $n-1$ 自由度的临界 t 值 $t_{\frac{\alpha}{2}}$,其中 $\alpha = 0.10$;

(4) 计算 μ 的 $(1-\alpha)100\%$ 置信区间的上、下限;

(5) 用标准语言解释结果。

解 (1) 用统计软件画出频率直方图,判定总体的分布近似正态,且数据中无异常值,可以构造 t－置信区间。

(2) 计算 S 的值 s(用计算器或统计软件),有

$$s^2 = \frac{1}{14}[(143.7 - 118.41)^2 + \cdots + (143.1 - 118.41)^2] = 49.44^2$$

故 $\bar{x} = 118.41$ h,$s = 49.44$ h。

(3) 自由度 $n-1=15-1=14$，$\alpha=0.10$，$t_{\frac{\alpha}{2}}=t_{0.05}$，在附表Ⅲ中，查14对应的行，0.05对应的列，其交为1.761，故 $t_{0.05}=1.76$。

(4) 利用式(3.1.4) 有

$$置信下限 = \bar{x} - t_{\frac{\alpha}{2}} \cdot \frac{S}{\sqrt{n}} = 118.41 - 1.761 \times \frac{49.44}{\sqrt{15}} = 95.93$$

$$置信上限 = \bar{x} + t_{\frac{\alpha}{2}} \cdot \frac{S}{\sqrt{n}} = 118.41 + 1.761 \times \frac{49.44}{\sqrt{15}} = 140.89$$

(5) 90% 城市平均日照时间在 95.93～140.89 h 范围内。

习题 6 从一个服从正态分布的整体中抽取一个样本容量为 n 的简单随机样本。样本均值 $\bar{x}=105$，样本标准差 $s=5.1$。

(1) 如果样本容量为 $n=20$，构造一个置信水平为 95% 的置信区间。

(2) 如果样本容量为 $n=10$，构造一个置信水平为 95% 的置信区间。样本容量减少会对误差幅度 E 产生怎样的影响？

(3) 如果样本容量为 $n=20$，构造一个置信水平为 90% 的置信区间。将本题结果与(1)中结果进行比较，置信水平的减少会对误差幅度 E 产生怎样的影响？

(4) 如果总体不是服从正态分布，还能否计算出(1)～(3)中的置信区间？为什么？

*3.2.4 总体标准差的区间估计

本节讨论估计总体方差 σ^2 或标准差 σ 的方法。关于总体均值 μ 的区间估计，利用 μ 的最佳点估计 $\bar{X}$ 的抽样分布，现在为得到总体方差 σ^2 的区间估计，也应研究 σ^2 的最佳点估计 S^2 的抽样分布。

1. χ^2 — 分布

首先利用计算机模拟来探究样本方差 S^2 的抽样分布。

假设利用统计软件从正态总体 $N(10,15^2)$ 中取出容量 $n=10$ 的 2 000 个简单随机样本，计算出这 2 000 个样本中的每一个样本方差 S^2，然后对每个样本计算

$$\chi^2 = \left(\frac{S}{\sigma/\sqrt{n-1}}\right)^2 = \frac{(n-1)S^2}{\sigma^2} = \frac{9S^2}{15^2}$$

这样就得到 2 000 个 χ^2 的值，画出等步长的分组频率条形图，如图 3.2.9 所示。

这个分组频数条形图与频率直方图的横坐标一致，纵坐标成比例，由图 3.2.7 可知，$(n-1)S^2/\sigma^2$ 的抽样分布是非对称的，从而不是正态的，但此分布是右倾斜的。

定理 3.2.2(χ^2—分布) 如果从具有均值 μ 和标准差 σ^2 的正态分布总体中抽取样本容量为 n 的简单随机样本，样本方差为 S^2，则随机变量为

$$\chi^2 = \frac{(n-1)S^2}{\sigma^2}$$

服从 $n-1$ 自由度的 χ^2—分布记为

$$\chi^2 = \frac{(n-1)S^2}{\sigma^2} \sim \chi^2(n-1)$$

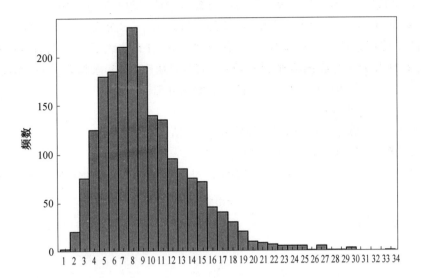

图 3.2.7 χ^2－分布

在附表Ⅲ中,可以查到 χ^2－分布临界 χ^2－值。在学习查阅附表Ⅲ之前,先介绍 χ^2－分布的性质。

χ^2－分布的性质如下：

(1) χ^2－分布是右倾斜的；

(2) χ^2－分布的形状依赖自由度 $n-1$,记为 $\chi^2(n-1)$；

(3) 随着自由度 $n-1$ 的增加, χ^2－分布的形状变得越来越对称,如图 3.2.8 所示；

(4) χ^2 的值是非负的。

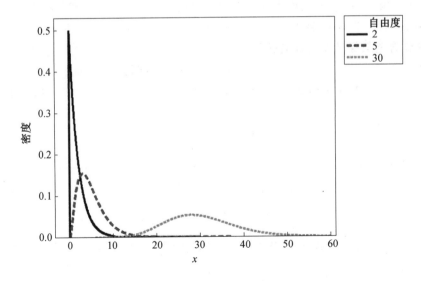

图 3.2.8 χ^2－分布的形状随自由度增大而变对称

χ^2－分布是非对称的,不能用"点估计±抽样极限误差"来构造总体方差 σ^2 的置信区间。事实上,通过使用不同的临界 χ^2 一值,可确定置信下限与置信上限。

在附表 Ⅲ 中,左边一列表示自由度,顶部一行表示 χ^2 一分布曲线下方,临界 χ^2 一值右方的面积,使用记号 χ^2_α 表示临界 χ^2 一值,使得 χ^2 一分布曲线下方 χ^2_α 的右方面积为 α。

例 3.2.7(求 χ^2 一分布的临界 χ^2 一值) 假设自由度为 15,求临界 χ^2 一值,将 χ^2 一分布曲线下方中间 90% 面积与两个尾部各 5% 面积分离开来。

分析 分以下两步:

(1) 画出 χ^2 一分布草图,标明未知临界 χ^2 一值及相应面积;

(2) 使用附表 Ⅲ,求出临界 χ^2 一值。

解 (1) 图 3.2.9 表明具 15 自由度的 χ^2 一分布,标明未知的临界 χ^2 一值与 $\chi^2_{0.05}$。

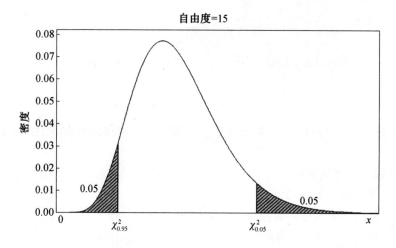

图 3.2.9 χ^2 一分布临界 χ^2 一值,面积

(2) 根据附表 Ⅲ,在自由度 1 列中选出 15 所在的一行,再在顶部 1 行中选出 0.95 与 0.05 所在的列,由其与 15 所在一行的交得 $\chi^2_{0.95}=7.261, \chi^2_{0.05}=24.996$。

2. 总体方差与标准差的置信区间

样本方差 S^2 为总体方差 σ^2 的最佳点估计,下面推导其置信区间。

假设从具有均值 μ 及标准差 σ 的正态总体 $N(\mu,\sigma^2)$ 中取出容量为 n 的简单随机样本,计算出 S^2,则有

$$\chi^2=\frac{(n-1)S^2}{\sigma^2} \sim \chi^2(n-1) \tag{3.2.5}$$

χ^2 的值中的 $(1-\alpha)100\%$ 位于临界 χ^2 一值 $\chi^2_{1-\frac{\alpha}{2}}$ 与 $\chi^2_{\frac{\alpha}{2}}$ 之间,如图 3.2.10 所示。

换言之,可 $(1-\alpha)100\%$ 置信为

$$\chi^2_{1-\frac{\alpha}{2}}(n-1) < \frac{(n-1)S^2}{\sigma^2} < \chi^2_{\frac{\alpha}{2}}(n-1) \tag{3.2.6}$$

将式(3.2.6)改写为以 σ^2 为中心的不等式,得到关于 σ^2 的 $(1-\alpha)100\%$ 置信区间的计算公式为

$$\frac{(n-1)S^2}{\chi^2_{\frac{\alpha}{2}}(n-1)} < \sigma^2 < \frac{(n-1)S^2}{\chi^2_{1-\frac{\alpha}{2}}(n-1)} \tag{3.2.7}$$

因此,有下面的结论:关于 σ^2 的 $(1-\alpha)100\%$ 置信区间,如果从均值为 μ、标准差为 σ

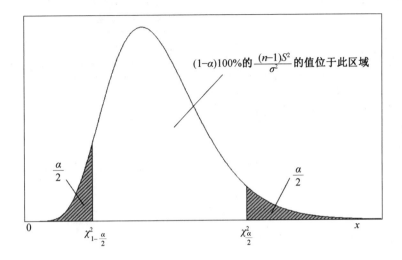

图 3.2.10 $(1-\alpha)100\%$ 置信 χ^2 - 区间

的正态总体 $N(\mu,\sigma^2)$ 中抽取容量为 n 的简单随机样本,则样本方差 S^2 为总体方差 σ^2 的最佳点估计,且关于 σ^2 的 $(1-\alpha)100\%$ 置信区间为

$$置信下限 = \frac{(n-1)S^2}{\chi^2_{\frac{\alpha}{2}}(n-1)}$$

$$置信上限 = \frac{(n-1)S^2}{\chi^2_{1-\frac{\alpha}{2}}(n-1)}$$

(3.2.8)

例 3.2.8(求 μ 与 σ^2 的置信区间) 2020 年某市某行业职工的月收入服从 $N(\mu,\sigma^2)$。现随机抽取 30 名职工进行调查,求得他们月收入的平均值 $\overline{X}=2\,084$ 元,他们的月收入的标准差 $S=435$ 元。试求 μ 与 σ 的置信水平为 95% 的置信区间。

分析 因为 $n=30$,可以用式(3.1.4)计算 μ 的置信区间。用式(3.2.7)计算 σ^2 的置信区间,再求 σ 的置信区间。

解 (1) 已知 $n=30$,$\alpha=0.05$,查附表 Ⅲ 得 $t_{\frac{\alpha}{2}}=t_{0.025}=2.045\,2$。又有 $\overline{X}=2\,084$,$S=435$,从而由式(3.1.4)得

$$\overline{X} \pm t_{\frac{\alpha}{2}} \cdot \frac{S}{\sqrt{n}} = 2\,084 \pm 2.045\,2 \times \frac{435}{\sqrt{30}} = 2\,084 \pm 162.4$$

则该行业职工月平均收入在 $1\,921.6 \sim 2\,246.4$ 元的置信水平为 95%。

(2) 现令 $n=30$,$\alpha=0.05$,查附表 Ⅲ 得

$$\chi^2_{1-\frac{\alpha}{2}}(n-1) = \chi^2_{0.975}(29) = 16.047$$

$$\chi^2_{\frac{\alpha}{2}}(n-1) = \chi^2_{0.025}(29) = 45.722$$

于是,σ 的置信区间为

$$置信下限 = \sqrt{\frac{(n-1)S^2}{\chi^2_{\frac{\alpha}{2}}(n-1)}} = \sqrt{\frac{29 \times 435^2}{45.722}} = \frac{\sqrt{29} \times 435}{\sqrt{45.722}}$$

$$置信上限 = \sqrt{\frac{(n-1)S^2}{\chi^2_{1-\frac{\alpha}{2}}(n-1)}} = \sqrt{\frac{29 \times 435^2}{45.722}} = \frac{\sqrt{29} \times 435}{\sqrt{45.722}}$$

习题7 某投资人过去12个月投资基金的回报率见表3.2.8。

表3.2.8   过去12个月投资基金的回报率

13.8	15.9	10.0	12.4	11.3	6.6
9.6	12.4	10.3	8.7	14.9	6.7

(1) 确定样本标准差。
(2) 构造收益率总体标准差的95％置信区间。

思考题

1. 描述 χ^2 — 分布的特征。
2. 叙述 Z — 分布、t — 分布及 χ^2 — 分布的不同点，讨论三种分布的关系。

3.3 假设检验

学习目标：
- 了解由断言形成假设检验的零假设与备择假设
- 理解 Ⅰ 型错误与 Ⅱ 型错误
- 了解形成 Ⅰ 型错误和 Ⅱ 型错误的概率
- 理解假设检验的程序
- 理解已知 σ 关于 μ 的假设检验的经典方法

利用样本信息，根据概率论的基本原理，对总体参数或总体分布的某一假设做出拒绝或保留的决断称假设检验。本节讨论假设检验的基本原理、显著性水平及单参数假设检验的具体例子。

3.3.1 假设检验的基本原理

1. 一个容易理解记忆的例子

为记忆假设检验的步骤，这里举一个例子。例如，一位女士谈恋爱，找到了一个男朋友，她想检验一下这个男朋友到底是不是她未来合适的老公。

为了检验，她首先做了一个假设，即假设这个男朋友是她未来的老公。然后，就要去检验这个假设对不对了。

既然要检验，就要有一个检验的标准。例如，她希望检验一下能不能有 95％ 的把握说这个男朋友就是她未来合适的老公了。这时这个女士就定了一个标准：只要她男朋友一个月里有 10 ~ 20 天来接她下班，她就认定自己有 95％ 的把握认定他了。

也就是说，如果在未来一个月里，男朋友来接她下班的天数在 10 ~ 20 天，她就认定这个男朋友了；如果在一个月里接她下班的天数小于 10 天或者大于 20 天，她就把他排除掉。

这个例子与假设检验非常类似，当记不起来假设检验的步骤时，请回想一下这个例子。

2. 假设检验的基本步骤

假设检验的过程与上述例子类似。从假设检验的各字中可以看到，其包含两个关键名词,即假设和检验。

推断性统计是用样本估计总体,那所得样本到底能不能去估计总体呢?这需要检验一下。

首先,提出一个假设,假设样本能估计总体;其次,再对此做一个检验;最后,得到一个结论,判断所提假设是否成立,这就称为假设检验。

假设检验的基本步骤如下:

(1) 说明一个假设;
(2) 确定合适的检验统计量及其概率分布;
(3) 说明显著性水平;
(4) 阐述决策规则;
(5) 收集数据,计算相应的检验统计量;
(6) 做出统计决策;
(7) 做出经济决策。

3. 基本概念

(1) 零假设 H_0 与备择假设 H_1。

零假设是持有怀疑、想要杜绝的假设,也就是说怀疑什么,就把什么当作零假设,记为 H_0;备择假设是拒绝了零假设后得到的结论,记为 H_1。假设都是关于总体参数的,样本是不需要假设的,因为当抽出一个样本时,其具体的样本统计量是已知的,所以假设都是关于总体参数提出的。例如,想知道总体均值是否等于某个常数 μ_0,那么零假设是 $H_0: \mu = \mu_0$,备择假设是零假设的否定 $H_1: \mu \neq \mu_0$。上面这种检验称为双尾检验,因为备择是双边的($\mu < \mu$ 且 $\mu > \mu$)。以下两种假设检验称为单尾检验。

① $H_0: \mu \geqslant \mu_0, H_1: \mu < \mu_0$;
② $H_0: \mu \leqslant \mu_0, H_1: \mu > \mu_0$。

(2) 检验统计量与样本统计量。

做完假设以后就要选择一个检验的方法,选择的这个检验方法就称为检验统计量。检验统计量最重要的一个作用就是,要用这个检验统计量和所设定的标准进行比较。因此,检验统计量是一个由样本计算而来的量,其数值是决定是否拒绝零假设的一个基础。

可用下面两个公式计算检验统计量。

① σ 已知时,检验统计量 Z 为

$$Z = \frac{\overline{X} - \mu_0}{\frac{\sigma}{\sqrt{n}}} \tag{3.3.1}$$

② σ 未知时,检验统计量 T 为

$$T = \frac{\overline{X} - \mu_0}{\frac{S^2}{\sqrt{n}}}$$

式中,$\overline{X}$ 为样本均值,$\overline{X} = \frac{1}{n}\sum_{i=1}^{n} X_i$;$S^2$ 为样本方差,$S^2 = \frac{1}{n-1}\sum_{i=1}^{n}(X_i - \overline{X})^2$。

检验统计量又称样本统计量,在用样本统计量(均值、方差等)的值推断它的总体参

数(均值、方差)时,在此之前已经对总体参数提出一个零假设 H_0。然后在零假设 H_0 真实的前提下,考查样本统计量的观测值在以假设的总体参数 μ 为中心的抽样分布上出现的概率如何。如果出现的概率很大,则只好保留零假设;如果出现的概率很小,小到等于或小于事先规定的水平,就认为小概率事件发生了。于是由"小概率事件发生原理"拒绝零假设,而认为备择假设成立。

(3) 显著性水平。

样本统计量的值在以总体参数值为中心的抽样分布上出现的概率小到什么程度才能算小概率事件发生了,这是由研究者对于假设检验的结论所要达到的可靠性程度所决定的。一般假设以下两种水平:如果拒绝零假设,引起错误的后果严重,则把概率小于或等于 0.01 的事件作为小概率事件;如果拒绝零假设,引起错误的后果不十分严重,则把概率小于或等于 0.05 的事件作为小概率事件。

如果研究者在 0.05(或 0.01) 的水平上对零假设进行检验,那么只要样本统计量的观测值在抽样分布上出现的概率小于或等于 0.05(或 0.01),即样本统计量的观测值落入了拒绝区域,就认为小概率事件发生了,应该拒绝零假设。

定义 3.3.1　在假设检验中,拒绝零假设的概率值称为假设检验的显著性水平,一般记作 α。

(4) 统计推断的 Ⅰ 型错误与 Ⅱ 型错误。

由于拒绝或不拒绝零假设的决策是根据不完全信息(即样本)所做出的,因此总存在做出不正确决策的可能性。事实上,假设检验存在以下四种可能的结果。

① 当事实上 H_1 为真时,拒绝了 H_0,此时决断为正确的;

② 当事实上 H_0 为真时,并未拒绝 H_0,此时决断为正确的;

③ 当事实上 H_0 为真时,拒绝了 H_0,此时决断是不正确的,这种错误称为 Ⅰ 型错误,又称"拒真"错误;

④ 当事实上 H_1 为真时,并未拒绝 H_0,此时决断是不正确的,这种错误称为 Ⅱ 型错误,又称"纳伪"错误。

将上述结果总结在表 3.3.1 中。

表3.3.1　假设检验中两种错误

结论	事实	
	H_0 为真	H_1 为真
未拒绝 H_0	正确结论	Ⅱ 型错误
拒绝 H_0	Ⅰ 型错误	正确结论

注记　"拒真"错误、"纳伪"错误可以形象地称为"错杀好人"错误和"放走坏人"错误。

习题 1　对下面的每个断言确定零假设和备择假设,并解释犯 Ⅰ 型错误会怎样,犯 Ⅱ 型错误会怎样。

(1) 2018 年,某地区酸雨的平均 pH 值为 5.03,一个研究者断言这个地区酸雨的酸性增加了(注意,酸性增加意味着 pH 值的减小);

(2) 2018年,某地区16.3%的居民没有参加医疗保险,一位这个地区的居民断言参加医疗保险的居民比例已经增加了;

(3) 在过去20年中,股票的月回报率的标准差为4.2%,一个股票分析家断言股票的月回报率这个月增大了。

习题 2 全市期末统考的平均成绩为505分。一个课外补习班断言参加他们课程的学生平均成绩超过了505分。

(1) 确定零假设和备择假设。

(2) 假设样本数据表明零假设不应该被拒绝,那么这个课外补习班应该得到什么结论?

(3) 假设事实上参加这个补习班的学生平均成绩为507分,会犯 I 型错误还是 II 型错误?如果显著性水平是 $\alpha=0.01$,犯 I 型错误的概率是多少?

(4) 如果想减少犯 II 型错误的概率,那么应该增加还是减少显著性水平?

3.3.2 标准差 σ 已知条件下总体均值 μ 的假设检验

本节给出两种当 σ 已知时关于 μ 的假设检验方法:经典方法与 $P-$ 值方法。一般来说,当总体均值 μ 未知时,无法知道标准差 σ,但为理解假设检验的程序,本节先假定 σ 已知,而在3.3.3节中去掉这一假设。

1. 标准差 σ 已知条件下总体均值 μ 的假设检验的经典方法

在使用经典方法进行标准差 σ 已知条件下总体均值 μ 的假设检验时,首先关注以下三个条件是否满足:

① 所用的样本为简单随机样本;

② 抽取样本的总体为近似正态分布的或样本容量 $n \geqslant 30$;

③ 总体标准差 σ 已知。

在上述三个条件满足的前提下,按下述程序进行假设检验。

(1) 做出关于总体均值 μ 的断言。此断言用来做出零假设与备择假设,通常为下述三种情形之一,即

$$\begin{array}{ccc} \text{双侧} & \text{左侧} & \text{右侧} \\ H_0:\mu=\mu_0 & H_0:\mu\geqslant\mu_0 & H_0:\mu\leqslant\mu_0 \\ H_1:\mu\neq\mu_0 & H_1:\mu<\mu_0 & H_1:\mu>\mu_0 \end{array}$$

式中, μ_0 为假定为真的总体均值。

(2) 确定显著性水平 α,并确定临界值。

由犯 I 型错误的严重程度确定显著性水平 α,然后由 α 确定临界值 $-Z_{\alpha/2}$ 与 $Z_{\alpha/2}$(双侧)、$-Z_\alpha$(左侧)及 Z_α(右侧),最后由临界值确定拒绝区域,如图3.3.1中斜线部分所示。

(3) 确定检验统计量。

因为样本均值 $\overline{X}$ 的抽样分布为 $N\left(\mu,\dfrac{\sigma^2}{n}\right)$,则检验统计量 $Z=\dfrac{\overline{x}-\mu}{\sigma/\sqrt{n}}$ 表示样本均值 $\overline{X}$ 的观测值 $\overline{x}$ 与总体均值 μ 的差为样本标准差的倍数。

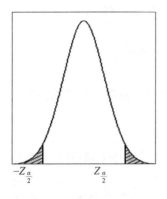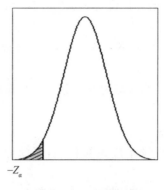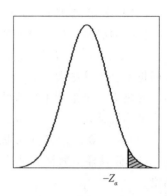

图 3.3.1 拒绝区域

(4) 比较检验统计量与临界值,确定拒绝 H_0 与否。

① 双侧检验,若 $Z < -Z_{\alpha/2}$ 或 $Z > -Z_{\alpha/2}$,则拒绝 H_0;

② 左侧检验,若 $Z < -Z_\alpha$,则拒绝 H_0;

③ 右侧检验,若 $Z > Z_\alpha$,则拒绝 H_0。

(5) 陈述结论。

当 H_0 被拒绝时,有充分证据支持断言 H_1;当 H_0 未被拒绝时,没有充分证据支持断言 H_1。决不能说零假设 H_0 是真的或假的。

当检验统计量为 Z-标准化时,有

$$Z = \frac{\overline{X} - \mu}{\sigma/\sqrt{n}}$$

这种检验又称 Z-检验。当抽取的样本为小样本($n < 30$)时,需判定总体是否(近似)正态,是否有异常值。

例 3.3.1(假设检验的经典方法) 2018 年 10 月,李刚要在二手车市场上买一辆低档车。在买车之前,他要确定所买低档车价格的期望值。根据 2018 年 10 月的统计资料,低档车的平均价格为 37 500 元,李刚认为现在低档车的平均价格已不同于 37 500 元。他抽取了容量 $n = 15$ 的购买低档车的客户构成的简单随机样本,经询价得表 3.3.2 所示的数据。

假设 $\sigma = 4\,100$,使用表 3.3.2 中数据以 $\alpha = 0.10$ 置信水平检验李刚的断言:低档车的平均价格不同于 37 500 元。

表3.3.2 2018 年 10 月 15 台低档车价格构成的简单随机样本

47 000	43 108	33 995	32 750	33 988
43 500	33 995	32 750	39 950	36 900
35 995	39 998	37 995	37 995	43 785

分析 因样本容量 $n < 30$,首先通过对这 15 个数据描点作图,判定样本点取自的总体,近似服从正态分布。

解 (1) 李刚断言低档车价的均值 $\mu \neq 37\,500$,因此用双侧检验。零假设与备择假设为

$$H_0: \mu = 37\,500 \qquad H_1: \mu \neq 37\,500$$

(2) 因为李刚进行双侧检验,对应显著性水平 $\alpha = 0.10$,确定临界值
$$-Z_{\alpha/2} = -Z_{0.05} = -1.645, \quad Z_{\alpha/2} = Z_{0.05} = 1.645$$
由此标出拒绝区域,如图 3.3.2 所示。

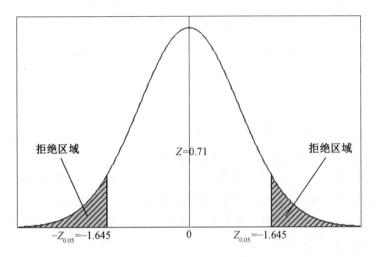

图 3.3.2 拒绝区域

(3) 计算得样本均值为
$$\bar{x} = 38\,247$$
检验统计量为
$$Z = \frac{\bar{x} - \mu_0}{\sigma/\sqrt{n}} = \frac{38\,247 - 37\,500}{4\,100/\sqrt{15}} = 0.71$$

(4) 因为检验统计量的值 $Z = 0.71$,满足($Z = 0.71$ 未落入拒绝区域)
$$-Z_{0.05} = -1.645 < 0.71 < Z_{0.05} = 1.645$$
所以无充分理由拒绝零假设。

(5) 表明无充分证据以 $\alpha = 0.10$ 的显著水平支持李刚的断言:低档车的平均价格与 37 500 元不同。

例 3.3.2 某企业职工上月平均奖金为 402 元,本月随机抽取 50 人来调查,其平均奖金为 412.4 元。假定本月职工收入 $X \sim N(\mu, 35^2)$,在 0.05 的显著性水平下,能否认为该企业职工本月平均奖金比上月有明显提高?

解 建立假设
$$H_0: \mu < 402 \qquad H_1: \mu > 402$$
根据显著性水平确定临界值,显著性水平 $\alpha = 0.05$,则 $z_{0.05} = 1.65$。
构造检验统计量
$$z = \frac{\bar{x} - \mu}{\sigma/\sqrt{n}} = \frac{412.4 - 402}{32/\sqrt{50}} = 2.101$$

因为统计量的值 $2.101 > 1.65$,落在拒绝域,从而拒绝 H_0。因此,认为该企业职工本月平均奖金比上月有明显提高。

习题3 为检验假设 $H_0:\mu=80$ 或 $H_1:\mu<105$,抽取一个总体容量为 $n=22$ 的随机样本,其标准差为 $\sigma=11$,那么:

(1) 如果样本均值为 $\bar{x}=76.9$,计算检验统计量;

(2) 如果研究者要以 $\alpha=0.02$ 的显著性水平检验上面的假设,求临界值;

(3) 画出拒绝域;

(4) 研究者会拒绝零假设吗?为什么?

习题4 某企业从长期实践中得知,其产品直径 $X\sim N(15,0.2^2)$。从某日生产的产品中随机抽取 10 个,测得其直径分别为 14.8、15.3、15.0、15.1、14.9、15.3、15.5、15.4、15.5、15.1(单位:cm)。在显著性水平 $\alpha=0.05$ 时,该产品直径是否符合直径为 15.0 cm 的质量标准?

习题5 一个调查者认为现在女性的平均首次生育年龄比 2000 年女性的平均首次生育年龄 26.4 要大,他随机选择了 40 位女性调查她们首次生育的年龄,样本均值为 27.1,假设总体标准差为 6.4。用经典方法以显著性水平 $\alpha=0.05$ 检验调查者的断言。

*2. 标准差 σ 已知条件下总体均值 μ 的假设检验的 $P-$值方法

定义 3.3.2 一个 $P-$值就是在假定零假设为真的条件下,一个样本统计量被观测到的值为更极端值的概率。

当 $P-$值小于显著水平 α 时,就拒绝零假设。

下面介绍应用 $P-$值方法进行假设检验的程序。

如果满足条件:

(1) 抽取的样本为简单随机样本;

(2) 抽取样本的总体服从近似正态分布或样本容量 $n\geqslant 30$。

则按下述步骤进行假设检验。

(1) 做出关于总体均值的断言。应用此断言确定零假设与备择假设,一般表示为如下形式之一,即

双侧	左侧	右侧
$H_0:\mu=\mu_0$	$H_0:\mu\geqslant\mu_0$	$H_0:\mu\leqslant\mu_0$
$H_1:\mu\neq\mu_0$	$H_1:\mu<\mu_0$	$H_1:\mu>\mu_0$

式中,μ_0 为假定为真的总体均值。

根据 I 型错误的后果严重程度确定显著性水平 α。

(2) 计算检验统计量

$$Z_0=\frac{\bar{X}-\mu_0}{\sigma/\sqrt{n}}$$

式中,$\bar{X}$ 为样本均值。

(3) 确定 $P-$值(假定 $\mu=\mu_0$)。

① 双侧 $P-$值 $=P(Z<-|Z_0|$ 或 $Z>|Z_0|)=2P(Z>|Z_0|)$。

说明:$P-$值为图 3.3.3 中阴影面积。

② 左侧 $P-$值 $=P(Z<-Z_0)$。

说明:$P-$值为图 3.3.4 中阴影面积。

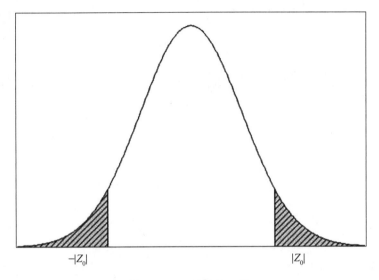

图 3.3.3　双侧 $P-$ 值

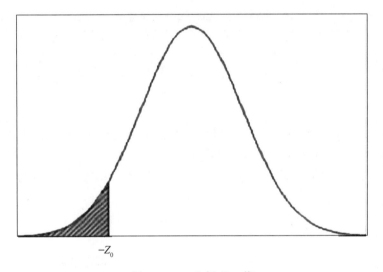

图 3.3.4　左侧 $P-$ 值

③ 右侧 $P-$ 值 $=P(Z>Z_0)$。

说明：$P-$ 值为图 3.3.5 中阴影面积。

(4) 如果 $P-$ 值小于显著性水平，则拒绝零假设。

(5) 陈述结论。

例 3.3.3(右侧假设检验的 $P-$ 值方法)　根据统计年鉴，2015 年某省城全部私家车平均每年运行 10 300 km。2018 年，某保险公司的精算人员认为现在私家车平均每年运行多于 10 300 km。为验证该断言，选取由 20 名有车族构成的简单随机样本，询问每位去年运行的公里数，得到数据见表 3.3.3。假定 $\sigma=3\,500$ km，以 $\alpha=0.01$ 显著性水平，检验该精算人员的断言。

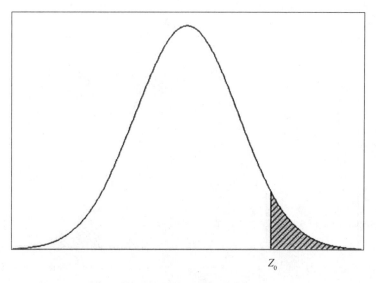

图 3.3.5　右侧 P-值

表3.3.3　20 台车运行里程数　　　　　　　　　　单位:km

8 777	19 187	12 022	16 759	7 294
10 163	9 021	12 682	16 747	16 733
15 331	5 347	13 798	13 235	11 302
6 929	17 576	9 455	16 306	8 266

分析　在进行检验之前,因样本容量 $n=20<30$,将这 20 个数据以 50 为单位描点作图,判定样本点取自的总体近似服从正态分布。

(1) 精算人员断言现在私家车平均每年运行里程高于 10 300 km,由此得零假设和备择假设为

$$H_0: \mu \leqslant 10\ 300 \quad H_1: \mu > 10\ 300$$

这是右侧检验。

(2) 经计算,知 $\bar{x}=12\ 346$。又因为 $\sigma=3\ 500, n=20$,可得检验统计量为

$$Z_0 = \frac{\bar{x}-\mu_0}{\sigma/\sqrt{n}} = \frac{12\ 346-10\ 300}{3\ 500/\sqrt{20}} = 2.61$$

(3) 因为进行的是右侧检验,故

$$P\text{-值} = P(Z>Z_0) = P(Z>2.61)$$

应用附表 I 得

$$P\text{-值} = P(Z>2.61) = 1-P(Z\leqslant 2.61) = 1-0.995\ 5 = 0.004\ 5$$

(4) 因为

$$P\text{-值} = 0.004\ 5 < 0.01 = \alpha$$

所以有充分证据拒绝零假设。

(5) 有证据以 $\alpha=0.01$ 的显著性水平支持断言:现在私家车平均每年运行里程多于 2015 年的 10 300 km。

习题 6 据报道,2016 年我市网民每人上网时间平均为 694 h,一个调查者认为现在网民上网的时间增加了,并随机抽取了 40 名网民得到他们一年的平均上网时间为 731 h。设标准差为 212 h,用 $P-$ 值方法以显著性 $\alpha=0.05$ 检验这位调查者的断言。

习题 7 据统计,2017 年戴尔电脑股票的平均每日成交量为 3 180 万股,标准差为 1 480 万股,一个股票分析家断言 2018 年的成交量与 2017 年不同,他随机抽取了 35 天的成交量,其均值为 3 920 万股,用 $P-$ 值方法以显著性 $\alpha=0.05$ 检验这位股票分析家的断言。

*3.3.3 标准差 σ 未知条件下总体均值 μ 的假设检验

在 3.3.2 节中,假设在总体均值 μ 的假设检验中,标准差 σ 已知。现在介绍当标准差 σ 未知时,总体均值 μ 的假设检验。不同的是,标准差 σ 未知时要用 $t-$ 分布。

这时, $Z=\dfrac{\overline{X}-\mu}{\sigma/\sqrt{n}}$ 含有未知的总体标准差 σ,不是可检验的统计量,所以用样本标准差 S 代替总体标准差,得到 $T=\dfrac{\overline{X}-\mu}{S/\sqrt{n}}$, T 服从具有 $n-1$ 自由度的 $t-$ 分布。在上一节中,已经介绍了 $t-$ 分布的性质。

1. 标准差 σ 未知条件下总体均值 μ 的假设检验的经典方法

当总体标准差 σ 未知时,关于总体均值 μ 的假设检验经典方法的程序与 σ 已知时的程序相似,所不同的是检验统计量为

$$T=\dfrac{\overline{X}-\mu}{S/\sqrt{n}}$$

在进行假设检验时,首先关注如下两个条件是否满足:
(1) 所用的样本为简单随机样本;
(2) 抽取样本的总体为近似正态分布的或样本容量 $n\geqslant 30$。

在上述两个条件满足的前提下,按下述程序进行假设检验。

(1) 做出关于总体均值 μ 的断言。此断言用来做出零假设与备择假设,通常为下述三种情形之一,即

$$\begin{array}{ccc} 双侧 & 左侧 & 右侧 \\ H_0:\mu=\mu_0 & H_0:\mu\geqslant\mu_0 & H_0:\mu\leqslant\mu_0 \\ H_1:\mu\neq\mu_0 & H_1:\mu<\mu_0 & H_1:\mu>\mu_0 \end{array}$$

式中, μ_0 为假定为真的总体均值。

(2) 确定显著水平 α,并确定临界值。

由犯 I 型错误的严重程度确定显著性水平 α,然后由 α 确定临界值,即自由度为 $n-1$ 的 $-t_{\alpha/2}$ 与 $t_{\alpha/2}$(双侧)、 $-t_{\alpha}$(左侧)及 t_{α}(右侧),最后由临界值确定拒绝区域,如图 3.3.6 中斜线部分所示。

(3) 确定检验统计量。

因为样本均值 $\overline{X}$ 的抽样分布为 $N(\mu,\dfrac{\sigma^2}{n})$,则检验统计量 $T=\dfrac{\overline{X}-\mu}{S/\sqrt{n}}$ 表示样本均值 $\overline{X}$

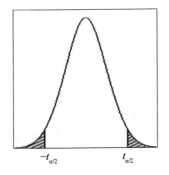 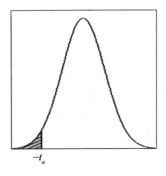 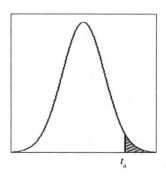

图 3.3.6　拒绝区域（σ 未知）

的观测值 $\bar{x}$ 与总体均值 μ 的差为样本标准差的倍数。

(4) 比较检验统计量与临界值，确定拒绝 H_0 与否：

① 双侧检验，若 $t < -t_{\alpha/2}$ 或 $t > -t_{\alpha/2}$，则拒绝 H_0；

② 左侧检验，若 $t < -t_\alpha$，则拒绝 H_0；

③ 右侧检验，若 $t > t_\alpha$，则拒绝 H_0。

(5) 陈述结论。

需要注意的是，以上过程可以进行的前提是抽取样本的总体为近似正态分布或样本容量足够大（$n \geqslant 30$），所以与已知 σ 关于 μ 的假设检验一样，当抽取的样本为小样本（$n < 30$）时，需判定总体是否（近似）正态，有无异常值。

例 3.3.4（假设检验的经典方法）　据调查，2016 年，我国 20～29 岁男性每日饮食摄入的蛋白质平均值为 142.9 g。一个营养学家断言 20～29 岁男性每日的蛋白质摄入量自 2016 年以来一直在增加。为此，他随机选择了 20 名 20～29 岁男性并测量他们每日蛋白质摄入量，结果见表 3.3.4。以 $\alpha = 0.10$ 显著性水平检测该营养学家的断言。

表3.3.4　20 名 20～29 岁男性每日蛋白质摄入量　　单位：g

140.4	145.8	148.3	169.8	147.9
130.0	161.1	164.3	130.5	174.3
181.1	105.8	168.1	160.3	154.1
117.3	103.4	127.8	164.6	154.5

分析　在进行检验之前，由于样本容量 $n = 20$ 小于 30，因此对 20 个数据，以 10 为单位作频率直方图，判定 20 个数据来自的总体近似服从正态分布且无异常值，按上述 5 个步骤进行。

解　(1) 营养学家断言 20～29 岁男性每日饮食摄入的蛋白质平均值 $\mu > 142.8$，因此零假设与备择假设为

$$H_0: \mu \leqslant 142.8 \quad H_1: \mu > 142.8$$

(2) 对应显著性水平 $\alpha = 0.10$，$n - 1 = 19$，确定临界值，即

$$t_{0.05} = 1.729$$

由此，在图 3.3.7 中标出拒绝区域。

(3) 计算得样本均值为

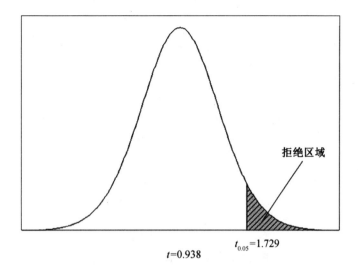

图 3.3.7　拒绝区域(例 3.3.3)

$$\bar{x} = 147.47$$

检验统计量为

$$T = \frac{\bar{x} - \mu_0}{S/\sqrt{n}} = \frac{147.7 - 142.8}{22.26/\sqrt{20}} = 0.938$$

(4) 因为检验统计量的值 $t = 0.938 < t_{0.05} = 1.729$，所以不能拒绝零假设。

(5) 无充分证据表明以 $\alpha = 0.05$ 的显著水平支持营养学家的断言：20～29 岁男性每日的蛋白质摄入量自 2016 年以来一直在增加。

2. 标准差 σ 未知条件下总体均值 μ 的假设检验的 P－值方法

通过 P－值方法也可以对未知 σ 的 μ 的假设进行检验。P－值就是在假定零假设为真的条件下，一个样本统计量被观测到的值为更极端的值的概率。当 P－值小于显著水平 α 时，就拒绝零假设。因为 t－分布表中只有对应相应区域的 t－值，所以不能用 t－分布表得到确切的 P－值。但是，可以通过 t－分布表计算 P－值的上界或下界。为得到精确的 P－值，还需要使用统计软件或者图形计算器。

例 3.3.5(假设检验的 P－值方法)　根据例 3.3.3 的数据，以 $\alpha = 0.05$ 显著性水平，利用 P－值方法检验该营养学家的断言。

分析　因为进行的是右侧检验，所以 P－值是自由度为 $20-1=19$ 的 t－分布的检验统计量右侧区域面积。

解　由频率直方图抽取样本的总体近似呈正态分布无异常值，可进行假设检验。

(1) 检验统计量 $t = 0.938$。因为进行的是右侧检验，故由自由度为 19 得

$$P\text{－值} = P(t > t_0) = P(t > 0.938)$$

如图 3.3.8 所示。

(2) 由附表Ⅲ(t－分布表)可知，在对应自由度为 19 的行中，检验统计量 $t = 0.938$ 在 0.861 和 1.066 之间。0.861 的 t－分布下右侧面积为 0.20，1.066 的 t－分布下右侧面积为 0.15。因为 $t = 0.938$ 在 0.861 和 1.066 之间，所以 P－值应该在 0.15 和 0.20 之间，即

$0.15 < P-$值< 0.20。

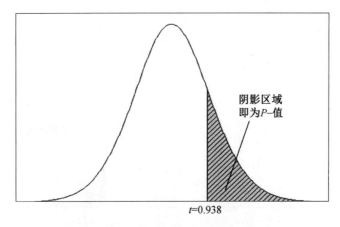

图 3.3.8　假设检验的右侧 $P-$值

因为 $P-$值大于 $\alpha=0.05$，所以不应该拒绝零假设。

(3) 无充分证据表明以 $\alpha=0.05$ 的显著水平支持营养学家的断言：20～29 岁男性每日的蛋白质摄入量自 2016 年以来一直在增加。

习题 8　公认的人体温度为 37 ℃，一个调查者连续三天对 16 位女性每天测体温 1～4 次，得到共 123 个样本数据，样本均值为 36.9 ℃，样本标准差为 0.2 ℃。

(1) 用经典检验方法判断是否有证据证明，以 $\alpha=0.01$ 的显著性水平，女性的正常体温低于 37 ℃？

(2) 计算 $P-$值。

习题 9　若 2009 年死刑犯的平均年龄为 36.2 岁，一个社会学家断言死刑犯的平均年龄已经有所变化，他随机选择了 32 名死刑犯，他们的平均年龄为 38.9 岁，标准差为 9.6 岁。

(1) 用经典检验方法，以 $\alpha=0.05$ 的显著性水平检验社会学家的断言。

(2) 计算 $P-$值。

3.3.2 节和 3.3.3 节讨论了总体均值的假设检验，判断应用哪种检验的主要依据是 σ 是否已知。在抽取样本的总体为近似正态分布或样本容量足够大时，如果 σ 已知，应用 $Z-$检验；如果 σ 未知，应用 $t-$检验。

*3.4　相关分析与回归分析

学习目标：

- 了解相关分析与回归分析的基本内容
- 能够通过相关系数分析现象之间的相关程度，进行简单相关分析
- 理解回归分析中的基本假定，能够根据现象之间的关系进行回归分析

3.4.1 相关分析概述

在自然界和社会经济现象中,任何现象都不是孤立存在的,现象之间存在着普遍联系和相互制约的关系,如年龄与人的生命力之间、消费品需求结构与居民消费水平之间、家庭收入与消费支出之间、施肥量与粮食产量之间、广告费支出与商品销售额之间等,都存在一定的关系。对现象之间的关系进行研究,在自然科学、管理科学和社会经济领域都有着十分广泛的应用。

通过进一步观察可以发现,现象之间的相互联系可以分为函数关系和相关关系两种不同的类型。

1. 函数关系

函数关系用来反映现象之间存在的严格依存关系。在这种关系中,对于某一变量的每一个数值,都有另一个变量的确定值与之相对应,并且这种关系可以用一个数学表达式反映出来。例如,圆的面积(S)与半径(r)之间的关系可表示为 $S=\pi r^2$,圆的半径的值确定后,圆的面积也随之确定。

函数的一般数学表达式为

$$y = f(x)$$

2. 相关关系

相关关系是指变量之间存在一定的相依关系,但又不是确定和严格依存的。在这种关系中,对某一个变量的一定数值,另一个相联系的变量会有若干个数值与之相对应,从而表现一定的波动性,但又总是围绕着这若干个数值的平均数并遵循一定的规律变动。例如,人的身高与体重这两个变量一般而言是相互依存的,但它们并不表现为一一对应的关系,因为制约这两个变量的还有其他因素,如遗传因素、营养状况和运动水平等。因此,同一身高的人可以有不同的体重,同一体重的人也可以表现出不同的身高。

相关关系具有以下特点。

(1) 现象之间确实存在数量上的相互依存关系。

现象之间数量上的相互依存关系表现为:一个现象发生数量上的变化,另一个与之相联系的现象也会相应地发生数量上的变化。例如,商品流通费用增加,一般来讲,商品销售额也会随之增加;反过来,如果商品销售额增加,一般情况下,商品流通费用也会相应增加。再如,身高较高的人,一般体重也较重;反过来,体重较重的人,一般来说身高也较高。在表现现象相互依存关系的两个变量之中,作为根据的变量称为自变量,随自变量变化发生对应变化的变量称为因变量。例如,可以把身高作为自变量,则体重就是因变量;也可以把体重作为自变量,此时,身高就是因变量。

(2) 现象之间在数量上存在不确定、不严格的依存关系。

相关关系的全称为统计相关关系,它属于变量之间的一种不完全确定的关系。这意味着一个变量虽然受另一个(或一组)变量的影响,却并不由这一个(或一组)变量完全确定。例如,身高为 1.7 m 的人,其体重有许多个值;体重为 60 kg 的人,其身高也有许多个值。再如,产品单位成本和劳动生产率的水平变动之间存在一定的依存关系,但是除劳动生产率的水平变动外,它还会受到原材料消耗、固定资产折旧、能源耗用及管理费用等诸多因素变动的影响。因此,身高与体重之间、产品单位成本和劳动生产率的水平变动之间均没有完全严格确定的数量关系存在。

函数关系和相关关系是两种不同类型的关系,但是它们之间并不存在严格的界限。由于在观察和试验中会出现误差,因此函数关系有时也可通过相关关系反映出来。而当人们对现象之间的联系和规律性了解得更加清楚时,相关关系又可能转换为函数关系。

3.4.2 简单相关分析

能否确定现象变量之间有无相关关系,取决于研究者所掌握的实质性科学知识的程度、工人经验的丰富程度及判断能力的高低。在数理统计中,要分析现象的数量之间存在何种相关关系及相关关系的密切程度等,可以通过制表、制图或计算相关系数来实现。

1. 相关表的编制

根据资料是否分组,相关表有简单相关表和分组相关表之分。通过表格可以初步看出关系形式和紧密程度,这种方法称为列表法。简单相关表指资料未分组,将自变量的数值按照从小到大的顺序并配合因变量值一一对应而平行排列起来的表。某工业企业能源消耗量与工业总产值的相关资料见表3.4.1。

表3.4.1 能源消耗量与工业总产值的相关资料

序号	能源消耗量 x/万 t	工业总产值 y/亿元
1	35	24
2	38	25
3	40	24
4	42	28
5	49	32
6	52	31
7	54	37
8	55	40
9	62	41
10	64	42
11	65	47
12	68	50
13	69	49
14	71	51
15	72	48
16	76	58

简单相关表的编制程序:将相关资料中的两个变量分为自变量和因变量,将两个变量的变量值一一对应,将自变量的变量值按从小到大的顺序排列。分组相关表是在简单相关表的基础上,将原始数据分组编制而成的表。

2. 相关图的绘制

利用直角坐标系第一象限,把自变量置于横轴上,因变量置于纵轴上,再将两个变量相对应的变量值用坐标点的形式描绘出来,这种用以表明相关点分布状况的图形就是相关图,又称散点图,其可以粗略地分析出来变量之间相关关系的基本态势。如果将表3.4.1中的数据绘成图形(图3.4.1),则从统计图中能够清楚地分析出来,随着变量 x 值的变化,y 值表现出上下波动的情况,这说明除能源消耗量外,还有其他因素在影响工业总产值的变化。此外,还可以分析出来所有观测点大致呈一条直线分布。

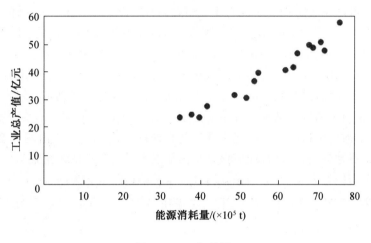

图 3.4.1　相关图

3. 相关系数的计算

相关表和相关图只能大体上反应变量之间的相关关系,只是对相关关系的初步判断,大概地反映现象之间相关关系的形式,而不能准确地描述现象间的相关关系。为说明现象之间相关关系的密切程度,还可以计算相关系数。相关系数是在线性相关条件下用来说明两个变量之间相关关系密切程度的统计分析指标。

如果两个变量 x 和 y 的 n 个观测数据可以用表3.4.2中的符号表示,那么相关系数 r 可以由下式计算,即

$$r = \frac{\sum(x_i - \bar{x})(y_i - \bar{y})}{\sqrt{\sum(x_i - \bar{x})^2 \sum(y_i - \bar{y})^2}} = \frac{n\sum x_i y_i - \sum x_i \sum y_i}{\sqrt{\left[n\sum x_i^2 - (\sum x_i)^2\right]\left[n\sum y_i^2 - (\sum y_i)^2\right]}}$$

表3.4.2　x 和 y 的 n 个观测数据

x	y
x_1	y_1
x_2	y_2
x_3	y_3
⋮	⋮
x_i	y_i
⋮	⋮
x_n	y_n

相关系数的意义十分重要，根据上述公式，有 $-1 \leqslant r \leqslant 1$。如果 r 是正的，那么说明两个变量之间正线性相关，即如果一个变量的值比较大，那么另一个变量的值也比较大，r 越接近 1 说明正相关性越强；如果 r 是负的，那么说明两个变量之间负线性相关，这时，如果一个变量的值比较大，那么另一个变量的值就比较小，r 越接近 -1 说明负相关性越强；如果 $r=0$ 或很接近 0，表示两个变量之间没有线性相关关系。

3.4.3 一元线性回归分析

相关系数可以在一定程度上说明线性相关条件下两个变量相关关系的方向和程度，但是它并不能说明两个变量之间因果的数量关系，即不能说明一个现象发生一定量的变化时，另一个现象一般会发生多大的变化。而回归分析就是对具有相关关系的变量之间的数量关系进行测定，确定一个相应的数学表达式，以便进行估计或预测的统计方法。

由图 3.4.1 可见，这些数据的散点图大致在一条直线附近波动，这条线能表示数据的大致走向，可是图中的散点基本上并不在这条直线上，不同的人可以描绘出不尽相同的直线来。那么，如何比较这些直线的优劣呢？什么样的直线最能描绘出两个变量之间的关系呢？可以自然地想到，这条直线应该是距离散点图上的各点的距离最近的一条直线。

假设这条直线的方程为 $y=a+bx$，散点图上各点的坐标为 (x_i, y_i)，那么第 i 个点与直线的距离为 $y_i-(a+bx_i)$。因此，首先考虑使得 $\sum[y_i-(a+bx_i)]$ 最小，也就是散点图上各点与直线的距离和最小，但是 $y_i-(a+bx_i)$ 有正有负，会相互抵消，则 $\sum[y_i-(a+bx_i)]$ 不能反映距离最小这个要求；其次会想到使得 $\sum|y_i-(a+bx_i)|$ 最小，但是绝对值函数会增加计算上的难度；最后想到使得 $\sum[y_i-(a+bx_i)]^2$ 最小，它既能避免距离和在数值上正负抵消，也能避免绝对值在计算上的困难。这就是最小二乘（最小平方）法的基本原理。

设 $Q=\sum[y_i-(a+bx_i)]^2$，因为 (x_i, y_i) 已知，所以要计算 Q 的最小值，只需对 Q 求关于 a、b 的偏导数，即

$$\frac{\partial Q}{\partial a}=-2\sum(y_i-a-bx_i)=0$$

$$\frac{\partial Q}{\partial b}=-2\sum(y_i-a-bx_i)x_i=0$$

计算得

$$a=\bar{y}-b\bar{x}$$

$$b=\frac{\sum(x_i-\bar{x})(y_i-\bar{y})}{\sum(x_i-\bar{x})^2}=\frac{n\sum x_i y_i-\sum x_i \sum y_i}{n\sum x_i^2-(\sum x_i)^2}$$

称 $y=a+bx$ 为回归直线。各变量值与这条直线的距离和比各变量值与其他直线的距离都要小，从最小平方的意义上来看，这条直线就是距离所有的点最近的那条直线，它比其他直线都更好地代表了这些数据。

例 3.4.1 利用表 3.4.3 中的数据,建立工业总产值和能源消耗之间的回归方程。

表3.4.3　能源消耗量与工业总产值相关资料

序号	能源消耗量 x/万 t	工业总产值 y/亿元	x^2	y^2	xy
1	35	24	1 225	576	840
2	38	25	1 444	625	950
3	40	24	1 600	576	960
4	42	28	1 764	784	1 176
5	49	32	2 401	1 024	1 568
6	52	31	2 704	961	1 612
7	54	37	2 916	1 369	1 998
8	55	40	3 025	1 600	2 200
9	62	41	3 844	1 681	2 542
10	64	42	4 096	1 764	2 688
11	65	47	4 225	2 209	3 055
12	68	50	4 624	2 500	3 400
13	69	49	4 761	2 401	3 381
14	71	51	5 041	2 601	3 621
15	72	48	5 184	2 304	3 456
16	76	58	5 776	3 364	4 408
合计	912	627	54 630	26 339	37 855

解 设线性回归方程为 $y = a + bx$,由图中数据可得

$$n = 16, \quad \sum xy = 37\ 855$$

$$\sum x = 912, \quad \sum y = 627, \quad \sum x^2 = 54\ 630$$

$$b = \frac{n\sum xy - \sum x \sum y}{n\sum x^2 - (\sum x)^2} = \frac{16 \times 37\ 855 - 912 \times 627}{16 \times 54\ 630 - 912^2} \approx 0.80$$

$$a = \frac{\sum y}{n} - b\frac{\sum x}{n} = \frac{627}{16} - 0.80 \times \frac{912}{16} \approx -6.41$$

所以线性回归方程为

$$y = -6.41 + 0.80x$$

习题 1 表 3.4.4 为随机选出的 10 个人受教育年限和月收入的数据。

表3.4.4　受教育年限与月收入数据

受教育年限/年	月收入/元	受教育年限/年	月收入/元
9	500	18	12 000
12	1 200	7	600

续表3.4.5

受教育年限/年	月收入/元	受教育年限/年	月收入/元
11	5 000	14	2 000
18	8 000	19	7 000
0	0	21	20 000

(1) 作出这些数据的散点图；

(2) 计算相关系数；

(3) 求出回归直线。

习题2 下面是快餐店负责人统计的20份送餐时间和送餐距离的数据。

表3.4.5　送餐时间和送餐距离的数据

序号	1	2	3	4	5	6	7	8	9	10
距离	0.5	0.3	5.9	7.1	4.2	3.4	8.5	6.2	8.1	9.2
时间	10	7.9	29.9	18.7	20	11.4	22.5	31	25	31.5
序号	11	12	13	14	15	16	17	18	19	20
距离	10	0.9	2.3	2.6	3.5	9.8	7.7	5.9	4.8	8.7
时间	40	11.2	18.8	8.3	12.6	37	18.5	29.2	24.7	29.2

(1) 作出这些数据的散点图；

(2) 计算相关系数；

(3) 求出回归直线。

附录 A

商务与经济数学（补充）

为更好地适应数学课程改革，增加课程内容的实用性以及与专业课程的联系性，特对原引用教材中的内容，做出补充，主要涉及函数的极限以及 $m \times n$ 阶矩阵等的相关知识，希望同学们能够认真学习。

A.1 函数的极限

极限是在某种状态下对变量变化最终趋势的描述，它既是一个重要概念，也是研究微积分学的重要工具和思想方法，要求学生在学习这一部分知识的同时，注意提升抽象能力、逻辑推理能力和周密思考的能力，这对学习这部分数学知识非常重要。

极限的概念是为求实际问题的精确解答而产生的。例如，可通过作圆的内接正多边形，近似求出圆的面积。设有一圆，首先作圆内接正六边形，其面积记为 A_1；再作圆的内接正十二边形，其面积记为 A_2；再作圆的内接正二十四边形，其面积记为 A_3；依此循环下去，一般把内接正 $6 \times 2^{n-1}$ 边形的面积记为 A_n。则可得一系列内接正多边形的面积：A_1，$A_2, A_3, \cdots, A_n$，它们构成一列有序数列。可以发现，当内接正多边形的边数无限增加时，A_n 也无限接近某一确定的数值（圆的面积），这个确定的数值在数学上称为数列 A_1, A_2，$A_3, \cdots, A_n$ 当 $n \to \infty$（读作 n 趋近于无穷大）时的极限。

注记 上面这个例子就是我国古代数学家刘徽（公元 3 世纪）的割圆术。

A.1.1 数列的极限

为更好地理解函数极限的相关知识，首先引入数列的极限。

按照一定规则排列的无穷多个数

$$a_1, a_2, \cdots, a_n, \cdots$$

称为数列，简单记为 $\{a_n\}$。

从上述定义可以看出，数列可以理解为定义域为正整数集的函数，即

$$a_n = f(n), \quad n \in \mathbf{N}^+$$

当自变量依次取 1,2,3 等一切正整数时，对应的函数值就排列成数列 $\{a_n\}$。

数列中的第 n 个数 a_n 称为数列的第 n 项或通项。例如，以下数列及其通项分别为

$$1, \frac{1}{2}, \frac{1}{3}, \cdots, \frac{1}{n}, \cdots \qquad 通项\ a_n = \frac{1}{n}$$

$$\frac{1}{2}, \frac{2}{3}, \frac{3}{4}, \cdots, \frac{n}{n+1}, \cdots \qquad 通项\ a_n = \frac{n}{n+1}$$

$$-2, 4, -6, 8, \cdots, (-1)^n 2n, \cdots \qquad 通项\ a_n = (-1)^n 2n$$

$$1, -1, 1, -1, \cdots, (-1)^{n+1}, \cdots \qquad 通项\ a_n = (-1)^{n+1}$$

从上述各个数列可以看出,随着 n 的逐渐增大,不同数列有其各自的变化趋势。

(1) 数列 $\left\{\dfrac{1}{n}\right\}$。当 n 无限增大时,它的通项 $a_n = \dfrac{1}{n}$ 无限接近于 0。

(2) 数列 $\left\{\dfrac{n}{n+1}\right\}$。当 n 无限增大时,它的通项 $a_n = \dfrac{n}{n+1}$ 无限接近于 1。

(3) 数列 $\{(-1)^n 2n\}$。当 n 无限增大时,它的通项 $a_n = (-1)^n 2n$ 的绝对值 $|a_n| = 2n$ 也无限增大,因此通项 $a_n = (-1)^n 2n$ 不接近于任何确定的常数。

(4) 数列 $\{(-1)^{n+1}\}$。当 n 无限增大时,它的通项 $a_n = (-1)^{n+1}$ 有时等于 1(n 为奇数时),有时等于 -1(n 为偶数时),因此通项 $a_n = (-1)^{n+1}$ 不接近于任何确定的常数。

通过对以上四个数列的观察可知,数列 $\{a_n\}$ 的通项 a_n 变化趋势有两种情形:无限接近某一个确定的常数或者不接近于任何确定的常数。这样可以得到数列极限的粗略定义。

定义 A.1.1 如果数列 $\{a_n\}$ 的项数 n 无限增大,它的通项 a_n 无限接近于某一个确定的常数 a,则称 a 是数列 $\{a_n\}$ 的极限,此时也称数列 $\{a_n\}$ 收敛于 a,记作

$$\lim_{n \to \infty} a_n = a \ 或\ a_n \to a (n \to \infty)$$

例如

$$\lim_{n \to \infty} \frac{1}{n} = 0 \ 或\ \frac{1}{n} \to 0 (n \to \infty)$$

$$\lim_{n \to \infty} \frac{n}{n+1} = 1 \ 或\ \frac{n}{n+1} \to 1 (n \to \infty)$$

定义 A.1.2 如果数列 $\{a_n\}$ 的项数 n 无限增大时,它的通项 a_n 不接近于任何确定的常数,则称数列 $\{a_n\}$ 没有极限,或称数列 $\{a_n\}$ 发散。

注记 当 n 无限增大时,如果 $|a_n|$ 也无限增大,则数列没有极限。这时,习惯上也称数列 $\{a_n\}$ 的极限是无穷大,记作 $\lim\limits_{n \to \infty} a_n = \infty$。例如,$\lim\limits_{n \to \infty}(-1)^n 2n$ 和 $\lim\limits_{n \to \infty}(-1)^{n+1}$ 都不存在,但前者可以记作 $\lim\limits_{n \to \infty}(-1)^n 2n = \infty$。

A.1.2 函数的极限

函数不同于数列,其自变量的变化不仅可以去整数,还可以在整个实数域中取值。函数的变化是由自变量决定的。一般来说,自变量的变化有以下两种情况。

1. 当 $x \to \infty$ 时,函数 $f(x)$ 的极限

函数的自变量 $x \to \infty$ 是指 x 的绝对值无限增大,它包含以下两种情况:

(1) x 取正值且无限增大,记作 $x \to +\infty$;

(2) x 取负值且它的绝对值无限增大,记作 $x \to -\infty$。

x 不指定正负,且 $|x|$ 无限增大,记作 $x \to \infty$。

定义 A.1.3 如果当 $|x|$ 无限增大($x \to \infty$)时,函数 $f(x)$ 无限趋近于一个确定的常数 A,那么就称 $f(x)$ 当 $x \to \infty$ 时存在极限 A,称数 A 为当 $x \to \infty$ 时函数 $f(x)$ 的极限,记作

$$\lim_{n \to \infty} f(x) = A$$

类似地,如果当 $x \to +\infty$(或 $x \to -\infty$)时,函数 $f(x)$ 无限趋近于一个确定的常数 A,那么就称 $f(x)$ 当 $x \to +\infty$(或 $x \to -\infty$)时存在极限 A,称数 A 为当 $x \to +\infty$(或 $x \to -\infty$)时函数 $f(x)$ 的极限,记作

$$\lim_{n \to +\infty} f(x) = A (\text{或} \lim_{n \to -\infty} f(x) = A)$$

例 A.1.1 作出函数 $y = \left(\dfrac{1}{2}\right)^x$ 和 $y = 2^x$ 的图像,并判断下列极限。

(1) $\lim\limits_{n \to +\infty} \left(\dfrac{1}{2}\right)^x$;

(2) $\lim\limits_{n \to -\infty} 2^x$。

解 分别作出 $y = \left(\dfrac{1}{2}\right)^x$ 和 $y = 2^x$ 的图像,如图 A.1.1 所示,由图像可以看出

$$\lim_{n \to +\infty} \left(\dfrac{1}{2}\right)^x = 0$$

$$\lim_{n \to -\infty} 2^x = 0$$

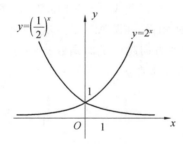

图 A.1.1

例 A.1.2 讨论下列函数当 $x \to \infty$ 时的极限。

(1) $y = 1 + \dfrac{1}{x^2}$;

(2) $y = 3^x$。

解 (1) 函数的图像如图 A.1.2 所示。由图像可知,当 $x \to +\infty$ 时,$y = 1 + \dfrac{1}{x^2} \to 1$;当 $x \to -\infty$ 时,$y = 1 + \dfrac{1}{x^2} \to 1$。因此,当 $|x|$ 无限增大时,函数 $y = 1 + \dfrac{1}{x^2}$ 无限接近于常数 1,即 $\lim\limits_{x \to \infty} 1 + \dfrac{1}{x^2} = 1$。

(2) 函数的图像如图 A.1.3 所示。由图像可知,当 $x \to +\infty$ 时,$y = 3^x \to +\infty$;当 $x \to -\infty$ 时,$y = 3^x \to 0$。因此,当 $|x|$ 无限增大时,函数 $y = 3^x$ 不可能无限地趋近某一常

数,即 $\lim\limits_{x \to \infty} 3^x$ 不存在。

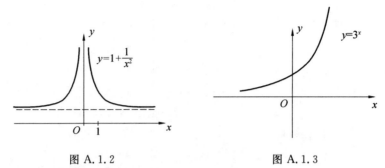

图 A.1.2   图 A.1.3

由上述例子可以得到如下定理。

定理 A.1.1 极限 $\lim\limits_{n \to \infty} f(x)$ 的充分必要条件是 $\lim\limits_{n \to +\infty} f(x) = \lim\limits_{n \to -\infty} f(x) = A$。

根据这个定理,极限 $\lim\limits_{n \to +\infty} f(x)$ 与极限 $\lim\limits_{n \to -\infty} f(x)$ 中只要有一个不存在,或者两个极限都存在但不相等,则极限 $\lim\limits_{n \to +\infty} f(x)$ 不存在。

2. 当 $x \to x_0$ 时,函数 $f(x)$ 的极限

与 $x \to \infty$ 的情形类似,$x \to x_0$ 包含 x 从大于 x_0 的方向和从小于 x_0 的方向趋近于 x_0 两种情况:

(1) $x \to x_0^+$ 表示 x 从大于 x_0 的方向趋近于 x_0;

(2) $x \to x_0^-$ 表示 x 从小于 x_0 的方向趋近于 x_0。

例 A.1.3 讨论当 $x \to 2$ 时,函数 $y = x + 1$ 的变化趋势。

解 作出函数 $y = x + 1$ 的图像,如图 A.1.4 所示。由图像可以看出,无论 x 从小于 2 的方向趋近于 2 还是从大于 2 的方向趋近于 2,函数 $y = x + 1$ 的值总是从两个不同方向越来越接近于 3,所以当 $x \to 2$ 时,函数 $y = x + 1 \to 3$。

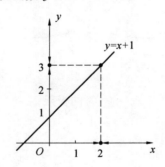

图 A.1.4

例 A.1.4 讨论当 $x \to 1$ 时,函数 $y = \dfrac{x^2 - 1}{x - 1}$ 的变化趋势。

解 作出函数 $y = \dfrac{x^2 - 1}{x - 1}$ 的图像,如图 A.1.5 所示,函数的定义域为 $(-\infty, 1) \cup (1, +\infty)$,在 $x = 1$ 处函数没有意义,但从图 A.1.5 中可以看出,自变量 x 无论从大于 1 方向还是从小于 1 方向趋近于 1 时,函数 $y = \dfrac{x^2 - 1}{x - 1}$ 的值都越来越接近于 2。因此,当 $x \to 1$ 时,函

数 $y = \dfrac{x^2-1}{x-1} \to 2$。

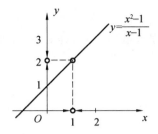

图 A.1.5

对于上例这种变化趋势，给出如下定义。

定义 A.1.4 设函数 $f(x)$ 在点 x_0 的某个去心邻域内有定义，如果当 $x \to x_0$ 时，函数 $f(x)$ 无限趋近于一个确定的常数 A，那么就称当 $x \to x_0$ 时 $f(x)$ 存在极限 A，数 A 就称为当 $x \to x_0$ 时函数 $f(x)$ 的极限，记作 $\lim\limits_{x \to x_0} f(x) = A$。

说明：在数轴上，以点 a 为中心的任何开区间称为 a 的邻域。设 δ 为一正数，则开区间 $(a-\delta, a+\delta)$ 就是 a 的一个邻域，称为点 a 的 δ 邻域，如图 A.1.6(a) 所示，记为 $U(a,\delta)$，即 $U(a,\delta) = \{x \mid a-\delta < x < a+\delta\}$。其中，$a$ 称为该邻域的中心；δ 称为该邻域的半径。

在上述邻域中，除去邻域的中心点 a 称为点 a 的去心 δ 邻域，记为 $\overset{\circ}{U}(a,\delta)$，即 $\overset{\circ}{U}(a,\delta) = \{x \mid 0 < |x-a| < \delta\}$，如图 A.1.6(b) 所示。

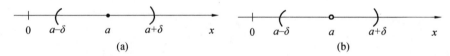

图 A.1.6

注记 在定义中，"设函数 $f(x)$ 在点 x_0 的某个去心邻域内有定义"反映关心的是函数 $f(x)$ 在点 x_0 附近的变化趋势，而不是 $f(x)$ 在 x_0 这一孤立点的情况。在定义极限 $\lim\limits_{x \to x_0} f(x)$ 时，$f(x)$ 有没有极限与 $f(x)$ 在点 x_0 是否有定义无关。

例 A.1.5 求下列极限。

(1) $f(x) = x$, $\lim\limits_{x \to x_0} f(x)$；

(2) $f(x) = C$, $\lim\limits_{x \to x_0} f(x)$，$C$ 为常数。

解 (1) 因为当 $x \to x_0$ 时，$f(x) = x$ 的值无限趋近于 x_0，所以有
$$\lim_{x \to x_0} f(x) = \lim_{x \to x_0} x = x_0$$

(2) 因为当 $x \to x_0$ 时，$f(x) = C$ 的值恒等于 C，所以有 $\lim\limits_{x \to x_0} f(x) = \lim\limits_{x \to x_0} C = C$。

由此可见，常数的极限就是其本身。

前面讨论了当 $x \to x_0$ 时 $f(x)$ 的极限，此时 x 是以两种方式趋近于 x_0 的，但是有时还需要知道 x 仅从大于 x_0 的方向趋近于 x_0 或者仅从小于 x_0 的方向趋近于 x_0 时 $f(x)$ 的变化趋势，对此规定如下。

(1) 如果 x 仅从大于 x_0 的方向趋近于 x_0(即 $x \to x_0^+$),函数 $f(x)$ 无限接近于一个确定的常数 A,那么就称 $f(x)$ 在 x_0 处存在右极限 A,数 A 就称为当 $x \to x_0$ 时函数 $f(x)$ 的右极限,记作 $\lim\limits_{x \to x_0^+} f(x) = A$。

(2) 如果 x 仅从小于 x_0 的方向趋近于 x_0(即 $x \to x_0^-$),函数 $f(x)$ 无限接近于一个确定的常数 A,那么就称 $f(x)$ 在 x_0 处存在左极限 A,数 A 就称为当 $x \to x_0$ 时函数 $f(x)$ 的左极限,记作 $\lim\limits_{x \to x_0^-} f(x) = A$。

根据左、右极限的定义,有如下定理。

定理 A.1.2 $\lim\limits_{x \to x_0} f(x) = A$ 的充分必要条件是 $\lim\limits_{x \to x_0^+} f(x) = \lim\limits_{x \to x_0^-} f(x) = A$。

例 A.1.6 已知函数 $f(x) = \begin{cases} x-1, & x<0 \\ 0, & x=0 \\ x+1, & x>0 \end{cases}$,讨论当 $x \to 0$ 时的极限。

解 这是一个分段函数在分界点处的极限问题。作出它的图像,如图 A.1.7 所示,由图可见

$$\lim_{x \to 0^-} f(x) = \lim_{x \to 0^-}(x-1) = -1$$
$$\lim_{x \to 0^+} f(x) = \lim_{x \to 0^+}(x+1) = 1$$

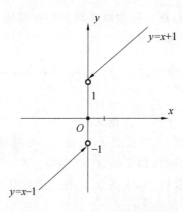

图 A.1.7

虽然当 $x \to 0$ 时,$f(x)$ 的左右极限都存在,但不相等,所以当 $x \to 0$ 时,$f(x)$ 的极限不存在。

例 A.1.7 已知函数 $f(x) = \begin{cases} x, & x \geq 2 \\ 2, & x < 2 \end{cases}$,求 $\lim\limits_{x \to 2} f(x)$。

解 因为
$$\lim_{x \to 2^-} f(x) = \lim_{x \to 2^-} 2 = 2$$
$$\lim_{x \to 2^+} f(x) = \lim_{x \to 2^+} x = 2$$

即有
$$\lim_{x \to 2^+} f(x) = \lim_{x \to 2^-} f(x) = 2$$

所以
$$\lim_{x\to 2} f(x) = 2$$

A.1.3 极限的运算法则

利用极限的定义只能计算一些很简单的函数的极限,而实际问题中的函数却复杂得多。本节将介绍极限的运算法则,并应用这些法则去求一些较复杂函数的极限。

定理 A.1.3 设当 $x \to x_0$(或 $x \to \infty$)时,$f(x) \to A$,$g(x) \to B$,则有
$$\lim_{x\to x_0}(f(x) \pm g(x)) = A \pm B$$
$$\lim_{x\to x_0} f(x) \cdot g(x) = A \cdot B$$
$$\lim_{x\to x_0}\frac{f(x)}{g(x)} = \frac{A}{B}, B \neq 0$$

推论 A.1.1 设 $\lim_{x\to x_0} f(x) = A$,则有:

(1) $\lim_{x\to x_0} kf(x) = kA$,$k$ 为常数;

(2) $\lim_{x\to x_0} [f(x)]^m = A^m$,$m$ 为正整数。

说明:(1) 使用这些运算法则的前提是自变量的统一变化中,$f(x)$ 和 $g(x)$ 的极限都存在;

(2) 上述运算法则对于 $x \to \infty$ 等其他变化过程也同样成立。

例 A.1.8 求 $\lim_{x\to 2}(x^3 + 2x - 1)$。

解
$$\lim_{x\to 2}(x^3 + 2x - 1) = \lim_{x\to 2} x^3 + \lim_{x\to 2} 2x - 1$$
$$= (\lim_{x\to 2} x)^3 + 2\lim_{x\to 2} x - 1 = 8 + 4 - 1 = 11$$

例 A.1.9 求 $\lim_{x\to 1}\frac{3x^2 + x - 1}{4x^3 + x^2 - x + 3}$。

解
$$\lim_{x\to 1}\frac{3x^2 + x - 1}{4x^3 + x^2 - x + 3} = \frac{\lim_{x\to 1} 3x^2 + \lim_{x\to 1} x - \lim_{x\to 1} 1}{\lim_{x\to 1} 4x^3 + \lim_{x\to 1} x^2 - \lim_{x\to 1} x + \lim_{x\to 1} 3}$$
$$= \frac{3 + 1 - 1}{4 + 1 - 1 + 3}$$
$$= \frac{3}{7}$$

例 A.1.10 求 $\lim_{x\to \infty}\frac{3x^3 - 4x^2 + 2}{7x^3 + 5x^2 - 3}$。

分析 此题如果像上题那样求解,则会发现此函数的极限不存在。通过观察可以发现此分式的分子和分母都没有极限,此时应采取如下解法。

解
$$\lim_{x\to \infty}\frac{3x^3 - 4x^2 + 2}{7x^3 + 5x^2 - 3} = \lim_{x\to \infty}\frac{3 - \frac{4}{x} + \frac{2}{x^3}}{7 + \frac{5}{x} - \frac{3}{x^3}}$$
$$= \frac{3}{7}$$

习题 1 求出下列极限值。

(1) $\lim\limits_{x\to 1}\dfrac{x^2-2}{x^2-x+1}$；

(2) $\lim\limits_{x\to 3}\dfrac{2x^3-4x^2+5}{5x^2+3x-2}$；

(3) $\lim\limits_{x\to 1}\dfrac{x^3-1}{x-1}$；

(4) $\lim\limits_{n\to\infty}\dfrac{2x^3-4x^2+5}{5x^3+2x^2-2x+3}$。

注记 通过例 A.1.10 可以发现，在应用极限的四则运算法则求极限时，首先要判断是否满足法则中的条件，如果不满足，那么还应该根据具体情况做适当的恒等变换，使之符合条件后再使用极限的运算法则求出结果。当分式的分子和分母都没有极限时，就不能运用商的极限运算法则了，而应先把分式的分子分母转化为存在极限的情形，然后运用商的极限运算法则求之。

A.1.4 两个重要的极限

接下来介绍在极限计算中最常用到的两个极限，也是最重要的两个极限：

(1) $\lim\limits_{x\to 0}\dfrac{\sin x}{x}=1$；

(2) $\lim\limits_{x\to\infty}\left(1+\dfrac{1}{x}\right)^x=\mathrm{e},\ \lim\limits_{x\to 0}(1+x)^{\frac{1}{x}}=\mathrm{e}$。

注记 e 为无理数，其值为 e = 2.718 281 828 459 045…

要牢记这两个重要极限，在今后的解题中会经常用到它们。

例 A.1.11 求 $\lim\limits_{x\to 0}\dfrac{\tan x}{x}$。

解 $\lim\limits_{x\to 0}\dfrac{\tan x}{x}=\lim\limits_{x\to 0}\dfrac{\frac{\sin x}{\cos x}}{x}=\lim\limits_{x\to 0}\dfrac{\sin x}{x}\cdot\dfrac{1}{\cos x}=1\times 1=1$

例 A.1.12 求 $\lim\limits_{x\to\infty}\left(1-\dfrac{2}{x}\right)^x$。

解 令 $t=-\dfrac{x}{2}$，则 $x=2t$，因为 $x\to\infty$，故 $t\to\infty$，则有

$$\lim_{x\to\infty}\left(1-\dfrac{2}{x}\right)^x=\lim_{x\to\infty}\left(1+\dfrac{1}{t}\right)^{-2t}$$
$$=\lim_{t\to\infty}\left(1+\dfrac{1}{t}\right)^{-2t}$$
$$=\lim_{x\to\infty}\left[\left(1+\dfrac{1}{t}\right)t\right]^{-2}$$
$$=\mathrm{e}^{-2}$$

注记 解此类型的题时，一定要注意代换后的变量的趋向情况，如 $x\to\infty$ 时，若用 t 代换 $1/x$，则 $t\to 0$。

习题 2 求出下列极限值。

(1) $\lim\limits_{x\to 0}\dfrac{\sin 3x}{x}$；

(2) $\lim\limits_{x\to 0}\dfrac{\sin 5x}{3x}$；

(3) $\lim\limits_{x\to 0}\dfrac{\sin \frac{1}{2}x}{x}$；

(4) $\lim\limits_{x\to 0}\dfrac{\tan 2x}{x}$；

(5) $\lim\limits_{x\to \infty}\left(1-\dfrac{2}{x}\right)x$；

(6) $\lim\limits_{x\to \frac{\pi}{2}}(1+\cos x)^{\frac{1}{\cos x}}$；

(7) $\lim\limits_{x\to \infty}\left(1+\dfrac{1}{3x}\right)^{4x+1}$；

(8) $\lim\limits_{x\to \infty}\left(\dfrac{2x+1}{2x}\right)^{-x}$。

小结：

(1) $\lim\limits_{x\to 0}\dfrac{\sin x}{x}=1$；$\lim\limits_{x\to a}\dfrac{\sin \varphi(x)}{\varphi(x)}=1$。

条件是 $x\to a$ 时，$\varphi(x)\to 0$，其中 a 可以为有限值，也可以为 ∞。

(2) $\lim\limits_{x\to \infty}\left(1+\dfrac{1}{x}\right)^x=\mathrm{e}$；$\lim\limits_{x\to a}(1+\varphi(x))^{\frac{1}{\varphi(x)}}=\mathrm{e}$。

条件是 $x\to a$ 时，$\varphi(x)\to 0$，其中 a 可以为有限值，也可以为 ∞。

注记

(1) 对公式 $\lim\limits_{x\to 0}\dfrac{\sin x}{x}=1$，有：

① 分子、分母含有三角函数且在自变量指定的变化趋势下是"$\dfrac{0}{0}$"型；

② 公式中的"x"可以是趋向于零的代数式。

(2) 对公式 $\lim\limits_{x\to \infty}\left(1+\dfrac{1}{x}\right)^x=\mathrm{e}$，有：

① 函数在自变量指定的变化趋势下是"$\dfrac{1}{\infty}$"型；

② 应用公式解题时，注意将底数写成1与一个无穷小量的代数和的形式，该无穷小量与指数互为倒数。

(3) 此部分内容在复利计息中有所应用，其中复利计息公式就是由此推导得出的。

A.2　$m\times n$ 阶矩阵

在前面的学习中已经介绍了 2×2、2×3、3×3 阶矩阵的相关计算，但是在实际应用中,仅掌握这些简单的矩阵计算方法是远远不够的。例如,在介绍概率相关知识或者金融及衍生品定价等相关内容中,往往会用到更一般的矩阵形式,所以对选用教材进行补充如下。

A.2.1 n 维向量

1. 向量、向量组

此前已经简单介绍过向量的内容,现在一起来回忆一下。

把 n 个有次序的数 $a_1, a_2, \cdots, a_n$ 组成的数组称为 n 维向量,这 n 个数称为该向量的 n 个分量,第 i 个数 a_i 称为第 i 个分量。

其中,n 维向量写成一行,称为行向量,也就是行矩阵,通常用 $\boldsymbol{a}^T$、$\boldsymbol{b}^T$、$\boldsymbol{\alpha}^T$、$\boldsymbol{\beta}^T$ 等表示,如

$$\boldsymbol{a}^T = (a_1 \quad a_2 \quad \cdots \quad a_n)$$

n 维向量写成一列,称为列向量,也就是列矩阵,通常用 $\boldsymbol{a}$、$\boldsymbol{b}$、$\boldsymbol{\alpha}$、$\boldsymbol{\beta}$ 等表示,如

$$\boldsymbol{a} = \begin{pmatrix} a_1 \\ a_2 \\ \vdots \\ a_n \end{pmatrix}$$

通常把若干个同维数的列向量所组成的集合称为向量组。

例如,矩阵 $\boldsymbol{A} = (a_{ij})_{m \times n}$ 有 n 个 m 维列向量,即

$$\boldsymbol{A} = \begin{pmatrix} \overset{\boldsymbol{a}_1}{a_{11}} & \overset{\boldsymbol{a}_2}{a_{12}} & \cdots & \overset{\boldsymbol{a}_j}{a_{1j}} & \cdots & \overset{\boldsymbol{a}_n}{a_{1n}} \\ a_{21} & a_{22} & \cdots & a_{2j} & \cdots & a_{2n} \\ \vdots & \vdots & & \vdots & & \vdots \\ a_{m1} & a_{m2} & \cdots & a_{mj} & \cdots & a_{mn} \end{pmatrix}$$

向量组 $\boldsymbol{a}_1, \boldsymbol{a}_2, \cdots, \boldsymbol{a}_n$ 称为矩阵 $\boldsymbol{A}$ 的列向量组。

类似地,矩阵 $\boldsymbol{A} = (a_{ij})_{m \times n}$ 有 m 个 n 维行向量,即

$$\boldsymbol{A} = \begin{pmatrix} a_{11} & a_{12} & \cdots & a_{1n} \\ a_{21} & a_{22} & \cdots & a_{2n} \\ \vdots & \vdots & & \vdots \\ a_{i1} & a_{i2} & \cdots & a_{in} \\ \vdots & \vdots & & \vdots \\ a_{m1} & a_{m2} & \cdots & a_{mn} \end{pmatrix} \begin{matrix} \boldsymbol{a}_1^T \\ \boldsymbol{a}_2^T \\ \vdots \\ \boldsymbol{a}_i^T \\ \vdots \\ \boldsymbol{a}_n^T \end{matrix}$$

向量组 $\boldsymbol{a}_1^T, \boldsymbol{a}_2^T, \cdots, \boldsymbol{a}_n^T$ 称为矩阵 $\boldsymbol{A}$ 的行向量组。

由有限个向量所组成的向量组可以构成一个矩阵。其中,m 个 n 维列向量组成的向量组 $\boldsymbol{\alpha}_1, \boldsymbol{\alpha}_2, \cdots, \boldsymbol{\alpha}_m$ 构成一个 $n \times m$ 矩阵,即

$$\boldsymbol{A} = (\boldsymbol{\alpha}_1 \quad \boldsymbol{\alpha}_2 \quad \cdots \quad \boldsymbol{\alpha}_m)$$

m 个 n 维行向量组成的向量组 $\boldsymbol{\beta}_1^T, \boldsymbol{\beta}_2^T, \cdots, \boldsymbol{\beta}_m^T$ 构成一个 $m \times n$ 矩阵,即

$$B = \begin{pmatrix} \boldsymbol{\beta}_1^T \\ \boldsymbol{\beta}_2^T \\ \vdots \\ \boldsymbol{\beta}_m^T \end{pmatrix}$$

2. 线性方程组

接下来把线性方程组也拓展到 n 维,有

$$\begin{cases} a_{11}x_1 + a_{12}x_2 + \cdots + a_{1n}x_n = b_1 \\ a_{21}x_1 + a_{22}x_2 + \cdots + a_{2n}x_n = b_2 \\ \quad\quad\quad\quad\quad \vdots \\ a_{m1}x_1 + a_{m2}x_2 + \cdots + a_{mn}x_n = b_m \end{cases}$$

称 $\boldsymbol{\alpha}_1 = \begin{pmatrix} a_{11} \\ a_{21} \\ \vdots \\ a_{m1} \end{pmatrix}, \boldsymbol{\alpha}_2 = \begin{pmatrix} a_{12} \\ a_{22} \\ \vdots \\ a_{m2} \end{pmatrix}, \cdots, \boldsymbol{\alpha}_n = \begin{pmatrix} a_{1n} \\ a_{2n} \\ \vdots \\ a_{mn} \end{pmatrix}$ 为方程组系数矩阵的列向量组。

3. 向量的运算法则

为更好地理解 $m \times n$ 阶矩阵的相关计算,先来介绍一下 n 维向量的运算法则。

(1) 加减运算。

设 $\boldsymbol{\alpha} = (a_1 \quad a_2 \quad \cdots \quad a_n), \boldsymbol{\beta} = (b_1 \quad b_2 \quad \cdots \quad b_m)$,如果 $m = n$,称 n 维向量

$$(a_1 \pm b_1 \quad a_2 \pm b_2 \quad \cdots \quad a_n \pm b_n)$$

为向量 $\boldsymbol{\alpha}$ 与 $\boldsymbol{\beta}$ 的和或差,记为 $\boldsymbol{\alpha} \pm \boldsymbol{\beta}$,即

$$\boldsymbol{\alpha} \pm \boldsymbol{\beta} = (a_1 \pm b_1 \quad a_2 \pm b_2 \quad \cdots \quad a_n \pm b_n)$$

注记 两个向量进行加减运算,它们的维数必须相等。

(2) 数乘运算。

设 $\boldsymbol{\alpha} = (a_1 \quad a_2 \quad \cdots \quad a_n)$,$k$ 是一个常数,称 $(ka_1 \quad ka_2 \quad \cdots \quad ka_n)$ 为向量 $\boldsymbol{\alpha}$ 与 k 的乘积,记作 $k\boldsymbol{\alpha}$,即

$$k\boldsymbol{\alpha} = (ka_1 \quad ka_2 \quad \cdots \quad ka_n)$$

向量的这种运算称为向量的数乘运算。

注记 (1) 向量的加减及数乘运算统称为向量的线性运算。

(2) 向量的线性运算规律。

$\forall \boldsymbol{\alpha}, \boldsymbol{\beta}, \boldsymbol{\gamma}$ 是 n 维向量,k, l 是常数,则有:

(1) $\boldsymbol{\alpha} + \boldsymbol{\beta} = \boldsymbol{\beta} + \boldsymbol{\alpha}$(交换律);

(2) $(\boldsymbol{\alpha} + \boldsymbol{\beta}) + \boldsymbol{\gamma} = \boldsymbol{\alpha} + (\boldsymbol{\beta} + \boldsymbol{\gamma})$(结合律);

(3) $\boldsymbol{\alpha} + \boldsymbol{0} = \boldsymbol{\alpha}$;

(4) $\boldsymbol{\alpha} + (-\boldsymbol{\alpha}) = \boldsymbol{0}$;

(5) $(k+l)\boldsymbol{\alpha} = k\boldsymbol{\alpha} + l\boldsymbol{\beta}$;

(6) $k(\boldsymbol{\alpha} + \boldsymbol{\beta}) = k\boldsymbol{\alpha} + k\boldsymbol{\beta}$;

(7) $(kl)\boldsymbol{\alpha} = k(l\boldsymbol{\alpha})$。

A.2.2 $m \times n$ 阶矩阵的运算及其运算规则

1. 矩阵的数乘

数 k 与矩阵 $\boldsymbol{A} = (a_{ij})_{m \times n}$ 的乘积记作 $k\boldsymbol{A}$ 或 $\boldsymbol{A}k$，且有

$$k\boldsymbol{A} = \boldsymbol{A}k = \begin{pmatrix} ka_{11} & ka_{12} & \cdots & ka_{1n} \\ ka_{21} & ka_{22} & \cdots & ka_{2n} \\ \vdots & \vdots & & \vdots \\ ka_{m1} & ka_{m2} & \cdots & ka_{mn} \end{pmatrix}$$

简言之，矩阵的数乘运算，即用数与矩阵的每一个元素相乘。

注记 矩阵数乘的运算规律。

设 $\boldsymbol{A}$ 为 $m \times n$ 阶矩阵，λ、μ 为常数，则有：

(1) $(\lambda\mu)\boldsymbol{A} = \lambda(\mu\boldsymbol{A})$；

(2) $(\lambda + \mu)\boldsymbol{A} = \lambda\boldsymbol{A} + \mu\boldsymbol{A}$。

2. 矩阵的加法

设有如下两个 $m \times n$ 阶矩阵，即

$$\boldsymbol{A} = \begin{pmatrix} a_{11} & a_{12} & \cdots & a_{1n} \\ a_{21} & a_{22} & \cdots & a_{2n} \\ \vdots & \vdots & & \vdots \\ a_{m1} & a_{m2} & \cdots & a_{mn} \end{pmatrix}, \quad \boldsymbol{B} = \begin{pmatrix} b_{11} & b_{12} & \cdots & b_{1n} \\ b_{21} & b_{22} & \cdots & b_{2n} \\ \vdots & \vdots & & \vdots \\ b_{m1} & b_{m2} & \cdots & b_{mn} \end{pmatrix}$$

那么矩阵的和记为

$$\boldsymbol{A} + \boldsymbol{B} = \begin{pmatrix} a_{11}+b_{11} & a_{12}+b_{12} & \cdots & a_{1n}+b_{1n} \\ a_{21}+b_{21} & a_{22}+b_{22} & \cdots & a_{2n}+b_{2n} \\ \vdots & \vdots & & \vdots \\ a_{m1}+b_{m1} & a_{m2}+b_{m2} & \cdots & a_{mn}+b_{mn} \end{pmatrix}$$

简言之，两个矩阵相加，即它们相同位置的元素相加。

注记 (1) 只有对于两个行数、列数分别相等的矩阵（同型矩阵），加法运算才有意义。

(2) 矩阵加法运算规律。

① $\boldsymbol{A} + \boldsymbol{B} = \boldsymbol{B} + \boldsymbol{A}$；

② $(\boldsymbol{A} + \boldsymbol{B}) + \boldsymbol{C} = \boldsymbol{A} + (\boldsymbol{B} + \boldsymbol{C})$；

③ $\lambda(\boldsymbol{A} + \boldsymbol{B}) = \lambda\boldsymbol{A} + \lambda\boldsymbol{B}$。

把矩阵 $\boldsymbol{A}$ 与 $\boldsymbol{B}$ 之差 $\boldsymbol{A} - \boldsymbol{B}$ 定义为 $\boldsymbol{A} + (-\boldsymbol{B})$，把元素全为零的矩阵称为零矩阵，记为 $\boldsymbol{0}$，则对任意一矩阵 $\boldsymbol{A}$，有

$$\boldsymbol{A} = \boldsymbol{A} + \boldsymbol{0} = \boldsymbol{0} + \boldsymbol{A}$$
$$\boldsymbol{A} - \boldsymbol{A} = \boldsymbol{A} + (-1)\boldsymbol{A} = \boldsymbol{0}$$

常将矩阵的数乘及加法统称为线性运算。

3. 矩阵的乘法

为方便序列求和的书写，引用 sigma 符号，用两个下标符号区分矩阵的元素。为此，

考虑矩阵的乘积 $C=AB$，其中 A 和 B 是元素分别为 a_{ij} 和 b_{ij} 的 2×3 和 3×3 矩阵，即

$$\begin{pmatrix} c_{11} & c_{12} & c_{13} \\ c_{21} & c_{22} & c_{23} \end{pmatrix} = \begin{pmatrix} a_{11} & a_{12} & a_{13} \\ a_{21} & a_{22} & a_{23} \end{pmatrix} \begin{pmatrix} b_{11} & b_{12} & b_{13} \\ b_{21} & b_{22} & b_{23} \\ b_{31} & b_{32} & b_{33} \end{pmatrix}$$

如果令第一行第一列元素相等，可得

$$c_{11} = a_{11}b_{11} + a_{12}b_{21} + a_{13}b_{31}$$

可以用 $\sum$ 记为

$$c_{11} = \sum_{k=1}^{3} a_{1k} b_{k1}$$

类似地，对第二行第三列可得

$$c_{23} = a_{21}b_{13} + a_{22}b_{23} + a_{23}b_{33}$$

这里能写为

$$c_{23} = \sum_{k=1}^{3} a_{1k} b_{k3}$$

一般地，设 $A=(a_{ij})$ 是 $m\times s$ 阶矩阵，$B=(b_{ij})$ 是 $s\times n$ 阶矩阵，那么规定矩阵 A 与矩阵 B 的乘积是 $m\times n$ 阶矩阵 $C=(c_{ij})$，其中

$$c_{ij} = a_{i1}b_{1j} + a_{i2}b_{2j} + \cdots + a_{is}b_{sj} = \sum_{k=1}^{s} a_{ik} b_{kj}$$

具体为

$$A = \begin{pmatrix} a_{11} & a_{12} & \cdots & a_{1s} \\ a_{21} & a_{22} & \cdots & a_{2s} \\ \vdots & \vdots & & \vdots \\ a_{m1} & a_{m2} & \cdots & a_{ms} \end{pmatrix}, B = \begin{pmatrix} b_{11} & b_{12} & \cdots & b_{1n} \\ b_{21} & b_{22} & \cdots & b_{2n} \\ \vdots & \vdots & & \vdots \\ b_{s1} & b_{s2} & \cdots & b_{sn} \end{pmatrix}$$

$$C = AB$$

c_{11} 的值为 A 的第一行各元素分别乘 B 的第一列各元素之和，即

$$c_{11} = a_{11}b_{11} + a_{12}b_{21} + \cdots + a_{1s}b_{s1}$$

c_{21} 的值为 A 的第二行各元素分别乘 B 的第一列各元素之和，即

$$c_{21} = a_{21}b_{11} + a_{22}b_{21} + \cdots + a_{2s}b_{s1}$$

依此类推，矩阵 C 的第 i 行第 j 列元素 c_{ij} 是 A 的第 i 行各元素分别乘 B 的第 j 列各元素之和，即

$$c_{ij} = a_{i1}b_{1j} + a_{i2}b_{2j} + \cdots + a_{is}b_{sj} = \sum_{k=1}^{s} a_{ik} b_{kj}$$

注记 只有当第一个矩阵的列数等于第二个矩阵的行数时，两个矩阵才能相乘。

*A.3 矩阵的应用举例

A.3.1 列昂惕夫投入产出模型

设某国的经济体系分为 n 个部门，这些部门生产商品和服务。设 x 为 R^n 中产出向量，

它列出了每一部门一年中的产出。同时,设经济体系的另一部分(称为开放部门)不生产产品或服务,仅仅消费商品和服务。d 为最终需求向量,它列出经济体系中的各种非生产部门所需求的商品或服务,此向量代表消费者需求、政府消费、超额生产、出口或其他外部需求。

各部门生产商品是以满足消费者需求为目的的,而生产者需要一些产品作为生产部门的投入,这本身就创造了中间需求,且部门之间的关系也很复杂,生产和最后需求之间的联系也不清楚,列昂惕夫思考是否存在某一生产水平 x(x 称为供给)恰好满足这一生产水平的总需求,那么

$$[总产出\ x] = [中间需求] + [最终需求\ d] \quad (A.3.1)$$

式(A.3.1)即为列昂惕夫投入产出模型。

列昂惕夫投入产出模型的基本假设是,对每个部门,有一个单位消费向量,它列出了该部门的单位产出所需的投入,所有的投入与产出都以百万美元作为单位,而不用具体的单位,如吨(t)等(假设商品和服务的价格为常数)。

例 A.3.1 设经济体系由三个部门——工业、农业和服务业组成,单位消费向量分别为 c_1、c_2、c_3(表 A.3.1)。如果工业决定生产 100 单位产品,它将消费多少产品?

表 A.3.1 各部门单位消费量   单位:百万美元

购买自	工业 c_1	农业 c_2	服务业 c_3
工业	0.50	0.40	0.20
农业	0.20	0.30	0.10
服务业	0.10	0.10	0.30

解 由表 A.3.1 可得

$$100c_1 = 100 \begin{pmatrix} 0.50 \\ 0.20 \\ 0.10 \end{pmatrix} = \begin{pmatrix} 50 \\ 20 \\ 10 \end{pmatrix}$$

可见,为生产 100 单位产品,需要消费 50 单位工业产品,20 单位农业产品,10 单位服务业产品。

若工业决定生产 x_1 单位产出,则在生产的过程中消费掉的中间需求是 $x_1 c_1$。类似地,若 x_2、x_3 分别表示农业和服务业的计划产出,则 $x_2 c_2$、$x_3 c_3$ 就为它们对应的中间需求,三个部门的中间需求为

$$[中间需求] = x_1 c_1 + x_2 c_2 + x_3 c_3 = Cx$$

式中,C 是消耗矩阵($c_1\ \ c_2\ \ c_3$),即

$$C = \begin{pmatrix} 0.50 & 0.40 & 0.20 \\ 0.20 & 0.30 & 0.10 \\ 0.10 & 0.10 & 0.30 \end{pmatrix} \quad (A.3.2)$$

于是,产生列昂惕夫投入产出模型或生产方程为

总产出 = 中间需求 + 最终需求

$$x = Cx + d \quad (A.3.3)$$

把总产出 x 写成 Ex，有

$$Ex - Cx = d$$

即有

$$(E - C)x = d$$

例 A.3.2 考虑消耗矩阵为式(A.3.3)的经济，假设最终需求是工业 50 单位，农业 30 单位，服务业 20 单位，求生产水平 x。

解 式(A.3.3)中系数矩阵为

$$E - C = \begin{pmatrix} 1 & 0 & 0 \\ 0 & 1 & 0 \\ 0 & 0 & 1 \end{pmatrix} - \begin{pmatrix} 0.5 & 0.4 & 0.2 \\ 0.2 & 0.3 & 0.1 \\ 0.1 & 0.1 & 0.3 \end{pmatrix} = \begin{pmatrix} 0.5 & -0.4 & -0.2 \\ -0.2 & 0.7 & -0.1 \\ -0.1 & -0.1 & 0.7 \end{pmatrix}$$

为解式(A.3.3)，对增广矩阵做初等行变换，有

$$\begin{pmatrix} 0.5 & -0.4 & -0.2 & 50 \\ -0.2 & 0.7 & -0.1 & 30 \\ -0.1 & -0.1 & 0.7 & 20 \end{pmatrix} \rightarrow \begin{pmatrix} 1 & 0 & 0 & 226 \\ 0 & 1 & 0 & 119 \\ 0 & 0 & 1 & 78 \end{pmatrix}$$

最后一列四舍五入到整数，工业需生产约 226 单位，农业 119 单位，服务业 78 单位。

若矩阵 $E - C$ 可逆，则可由方程 $(E - C)x = d$ 得出

$$x = (E - C)^{-1}d$$

定理 A.3.1 设 C 为某一经济的消耗矩阵，d 为最终需求，若 C 和 d 的元素非负，C 每一列的和小于 1，则 $(E - C)^{-1}$ 存在，而产出向量 $x = (E - C)^{-1}$ 有非负元素，且是下列方程的唯一解，即

$$x = Cx + d$$

注意 (1) 此定理说明，在大部分实际情况下，$E - C$ 是可逆的，而且产出向量 x 是经济可行的，即 x 中的元素是非负的。

(2) 此定理中，列的和表示矩阵中某一列元素的和，在通常情况下，某一消耗矩阵的列的和是小于 1 的，因为一个部门要生产一单位产出所需投入的总价值应该小于 1。

A.3.2 人口问题

在生态学、经济学和工程技术等领域中，需要研究随时间变化的动力系统，这种系统通常在离散的时刻测量，得到一个向量序列 $x_0, x_1, x_2, \cdots$。向量 x_k 的各个元素给出该系统在第 k 次测量中的状态信息。

如果有矩阵 A，使

$$x_1 = Ax_0, x_2 = Ax_1$$

一般地，有

$$x_{k+1} = Ax_k, \quad k = 0, 1, 2, \cdots$$

上式称为线性差分方程(或递归关系)，给定这样一种关系，可由已知的 x_0 计算 $x_1, x_2, \cdots, x_k$。下面讨论说明导致差分方程问题产生的原因。

地理学家对人口的迁移很感兴趣，这里只考虑人口在某一城市与它的周边地区之间迁移的简单模型。固定一个初始年，如 2010 年，用 r_0 和 s_0 分别表示该年城市和郊区人口

数,令 x_0 表示人口向量,即有

$$x_0 = \begin{pmatrix} r_0 \\ s_0 \end{pmatrix}$$

对 2011 年及以后各年,把人口向量表示成

$$x_1 = \begin{pmatrix} r_1 \\ s_1 \end{pmatrix}, x_2 = \begin{pmatrix} r_2 \\ s_2 \end{pmatrix}, x_3 = \begin{pmatrix} r_3 \\ s_3 \end{pmatrix}, \cdots$$

人口统计学的研究表明,每年约有 5% 的城市人口移居郊区(其他 95% 留在城市),而 3% 的郊区人口移居城市(其他 97% 留在郊区)。一年后,原来城市中的人口 r_0 在城市和郊区的分布为

$$\begin{pmatrix} 0.95 r_0 \\ 0.05 r_0 \end{pmatrix} = r_0 \begin{pmatrix} 0.95 \\ 0.05 \end{pmatrix}$$

原来郊区中的人口 s_0 在城市和郊区的分布为

$$s_0 \begin{pmatrix} 0.03 \\ 0.97 \end{pmatrix}$$

2011 年的全部人口为

$$\begin{pmatrix} r_1 \\ s_1 \end{pmatrix} = r_0 \begin{pmatrix} 0.95 \\ 0.05 \end{pmatrix} + s_0 \begin{pmatrix} 0.03 \\ 0.97 \end{pmatrix} = \begin{pmatrix} 0.95 & 0.03 \\ 0.05 & 0.97 \end{pmatrix} \begin{pmatrix} r_0 \\ s_0 \end{pmatrix}$$

即有

$$x_1 = M x_0$$

式中,M 称为移民矩阵,$M = \begin{pmatrix} 0.95 & 0.03 \\ 0.05 & 0.97 \end{pmatrix}$。

类似地,以后各年的变化可表示为

$$x_{k+1} = M x_k, \quad k = 0, 1, 2, \cdots$$

向量序列 $\{x_0, x_1, x_2, \cdots, x_n\}$ 描述了若干年中城市、郊区人口的变化状况。

例 A.3.3 设 2010 年城市人口为 600 000 人,郊区人口为 400 000 人,求上述区域 2011 年到 2012 年的人口。

解 2010 年的人口为

$$x_0 = \begin{pmatrix} 600\ 000 \\ 400\ 000 \end{pmatrix}$$

2011 年的人口为

$$x_1 = M x_0 = \begin{pmatrix} 0.95 & 0.03 \\ 0.05 & 0.97 \end{pmatrix} \begin{pmatrix} 600\ 000 \\ 400\ 000 \end{pmatrix} = \begin{pmatrix} 582\ 000 \\ 418\ 000 \end{pmatrix}$$

2012 年的人口为

$$x_2 = M x_1 = \begin{pmatrix} 0.95 & 0.03 \\ 0.05 & 0.97 \end{pmatrix} \begin{pmatrix} 582\ 000 \\ 418\ 000 \end{pmatrix} = \begin{pmatrix} 565\ 440 \\ 434\ 560 \end{pmatrix}$$

结论分析:该人口迁移模型是线性的,这依赖于两个事实:从一个地区迁往另一个地区的人口与该地区原有的人口成正比;而这些人口迁移选择的累积效果是不同区域人口迁移的叠加。

例 A.3.4 某调料公司用 7 种成分来制造多种调味品,表 A.3.2 给出了 6 种调味品 A、B、C、D、E、F 每包所需各成分的量。

表 A.3.2 6 种调味品每包所需各成分的量

配料	A	B	C	D	E	F
辣椒面	3	1.5	4.5	7.5	9	4.5
肉桂粉	2	4	0	8	1	6
胡椒	1	2	0	4	2	3
咖喱粉	1	2	0	4	1	3
大蒜粉	0.5	1	0	2	2	1.5
盐	0.5	1	0	2	2	1.5
香油	0.25	0.5	0	2	1	0.75

(1) 一个顾客为避免购买全部 6 种调味品,他可以只购买其中的一部分并用它配制出其余几种调味品,为配制出其余几种调味品,这位顾客必须购买的最少调味品的种类是多少?写出所需最少调味品的集合。

(2) 问题(1)中得到的最小调味品集合是否唯一? 能否找到另一个最小调味品集合?

(3) 利用在问题(1)中找到的最小调味品的集合,按表 A.3.3 成分配制一种新的调味品。写下每种调味品所要的包数。

表 A.3.3 新调味品成分表

辣椒面	肉桂粉	胡椒	咖喱粉	大蒜粉	盐	香油
18	18	9	9	4.5	4.5	3.25

(4) 6 种调味品每包的价格见表 A.3.4,利用(1)、(2)中所找到的最小调味品集合,计算(3)中配制的新调味品的价格。

表 A.3.4 6 种调味品单价   单位:元

A	B	C	D	E	F
2.3	1.15	1.00	3.20	2.50	3.00

(5) 另一个顾客希望按表 A.3.5 所示的成分配制一种调味品。他要购买的最小调味品集合是什么?

表 A.3.5 某种调味品成分表

辣椒面	肉桂粉	胡椒	咖喱粉	大蒜粉	盐	香油
12	14	7	7	35	35	175

解 (1) 分别记 6 种调味品各自的成分列向量为
$$a_1, a_2, a_3, a_4, a_5, a_6$$
依题意,实际上就是要找出 $a_1, a_2, a_3, a_4, a_5, a_6$ 的一个最大无关组,记
$$M = (a_1 \quad a_2 \quad a_3 \quad a_4 \quad a_5 \quad a_6)$$
做初等行变换化为行最简形,有

$$M = \begin{pmatrix} 3 & 1.5 & 4.5 & 7.5 & 9 & 4.5 \\ 2 & 4 & 0 & 8 & 1 & 6 \\ 1 & 2 & 0 & 4 & 2 & 3 \\ 1 & 2 & 0 & 4 & 1 & 3 \\ 0.5 & 1 & 0 & 2 & 2 & 1.5 \\ 0.5 & 1 & 0 & 2 & 2 & 1.5 \\ 0.25 & 0.5 & 0 & 2 & 1 & 0.75 \end{pmatrix} \rightarrow \begin{pmatrix} 1 & 0 & 2 & 0 & 0 & 1 \\ 0 & 1 & -1 & 0 & 0 & 1 \\ 0 & 0 & 0 & 1 & 0 & 0 \\ 0 & 0 & 0 & 0 & 1 & 0 \\ 0 & 0 & 0 & 0 & 0 & 0 \\ 0 & 0 & 0 & 0 & 0 & 0 \\ 0 & 0 & 0 & 0 & 0 & 0 \end{pmatrix}$$

容易得到向量组 $a_1, a_2, a_3, a_4, a_5, a_6$ 的秩为 4，且最大无关组有 6 个，即 a_1, a_2, a_4, a_5；a_2, a_3, a_4, a_5；a_1, a_3, a_4, a_5；a_1, a_4, a_5, a_6；a_2, a_4, a_5, a_6；a_3, a_4, a_5, a_6。但由于问题的实际意义，因此只有当其余两个向量在由该最大无关组线性表示时的系数均为非负才可以。

由于取 a_2, a_3, a_4, a_5 为最大无关组时，有

$$a_1 = \frac{1}{2}a_2 + \frac{1}{2}a_3 + 0a_4 + 0a_5, \quad a_6 = \frac{3}{2}a_2 + \frac{1}{2}a_3 + 0a_4 + 0a_5$$

因此可以用 B、C、D、E 四种调味品作为最小调味品集合。

(2) 由(1)中的分析，以及 a_4、a_5 在最大无关组中的不可替代性，最大无关组中另两个向量只能从 a_1、a_2、a_3、a_6 中挑选，而从 a_1、a_6 用 a_2, a_3, a_4, a_5 的线性表达式中可看出，任何移项的动作都将会使系数变成负数，从而失去意义，故(1)中的最小调味品集合是唯一的。

(3) 记 $\boldsymbol{\beta} = (18 \quad 18 \quad 9 \quad 9 \quad 4 \quad 5 \quad 4.5 \quad 3.25)^T$，则问题转化为讨论向量 $\boldsymbol{\beta}$ 能否由 a_2、a_3、a_4、a_5 线性表示，由

$$(a_2 \quad a_3 \quad a_4 \quad a_5 \quad \boldsymbol{\beta}) \xrightarrow{r} \begin{pmatrix} 1 & 0 & 0 & 0 & 2.5 \\ 0 & 1 & 0 & 0 & 1.5 \\ 0 & 0 & 1 & 0 & 1 \\ 0 & 0 & 0 & 1 & 0 \\ 0 & 0 & 0 & 0 & 0 \\ 0 & 0 & 0 & 0 & 0 \\ 0 & 0 & 0 & 0 & 0 \end{pmatrix}$$

可得

$$\boldsymbol{\beta} = 2.5a_2 + 1.5a_3 + a_4$$

即知一包新调味品可由 2.5 包 B、1.5 包 C 加上 1 包 D 调味品配制而成。

(4) 依题意知，(3)中的新调味品一包的价格应为

$$1.15 \times 2.5 + 1.00 \times 1.5 + 3.20 \times 1 = 7.575(元)$$

(5) 类似于(3)，记 $\boldsymbol{\gamma} = (12 \quad 14 \quad 7 \quad 7 \quad 35 \quad 35 \quad 175)^T$，由

$$(a_2 \quad a_3 \quad a_4 \quad a_5 \quad \gamma) \longrightarrow \begin{pmatrix} 1 & 0 & 0 & 0 & -595 \\ 0 & 1 & 0 & 0 & -333/2 \\ 0 & 0 & 1 & 0 & 315/2 \\ 0 & 0 & 0 & 1 & 0 \\ 0 & 0 & 0 & 0 & 1 \\ 0 & 0 & 0 & 0 & 0 \\ 0 & 0 & 0 & 0 & 0 \end{pmatrix}$$

可知 γ 不能由 a_2、a_3、a_4、a_5 线性表示，即此种调味品不能由(1)中的最小调味品集合来配制，进而此种调味品找不到最小调味品集合。

附录 B

Excel 相关操作

在对数理统计部分的相关知识进行学习时,难免会遇到数据工作量大、不好处理的问题,在此介绍如何用相关软件进行数据分析。提到数据分析,统计上用得比较多的是 SPSS、SAS、R、MATLAB 等软件。其实,Excel 中自带的数据分析功能也可以完成这些专业统计软件的部分数据分析工作。

B.1 用 Excel 进行数据分析:数据分析工具在哪里?

Excel 拥有简单且实用性很强的数据分析工具,在默认情况下,Excel 中的数据分析工具是隐藏着没有显示的,其调用步骤如下。

(1) 打开 Excel 之后,单击左上角的"文件"按钮,然后再单击左边栏的"选项"按钮。

(2) 弹出的"Excel 选项"对话框如图 B.1.1 所示,单击"加载项"按钮,在"管理"中选择"Excel 加载项",最后单击"转到"按钮。

图 B.1.1

(3) 在弹出的"加载宏"对话框中选择"分析工具库"(图 B.1.2),勾选之后单击"确定"按钮就可以了。

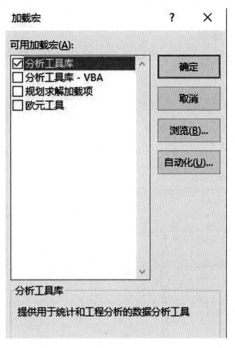

图 B.1.2

(4) 添加完数据分析工具库后,要进行数据分析时,只需要在"数据"选项卡里找到数据分析工具就行了(图 B.1.3)。

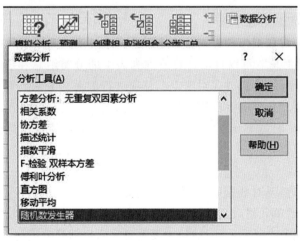

图 B.1.3

B.2　用 Excel 进行数据分析：数据的分类汇总和直方图制作

1. 准备一张完整的工作表

某高校经济管理学院 2011 级国贸专业学生管理学、税法、统计学三门课程的成绩单如图 B.2.1 所示。

	A	B	C	D	E	F
1	学号	姓名	性别	管理学/分	税法/分	统计学/分
2	11033240101	张磊	男	85	76	89
3	11033240102	李宏	男	68	87	76
4	11033240103	罗双	女	79	77	81
5	11033240104	王琦	男	90	89	91
6	11033240105	李毅	女	67	74	71
7	11033240106	张三	女	87	76	87
8	11033240107	李四	男	66	70	66
9	11033240108	王五	男	54	63	70
10	11033240109	陈六	女	83	87	80
11	11033240110	李七	男	80	89	79
12	11033240111	小吴	男	78	77	67
13	11033240112	小赵	女	64	66	70
14	11033240113	小周	女	86	90	88
15	11033240114	小陈	女	90	93	87
16	11033240115	小李	女	78	81	74
17	11033240116	小王	女	69	70	68
18	11033240117	小红	男	77	72	69
19	11033240118	小绿	男	63	66	70
20	11033240119	小马	女	85	80	88
21	11033240120	小明	女	65	60	50
22	11033240121	小黄	男	81	87	84

图 B.2.1

2. 数据的分类汇总方法

分类汇总，就是对数据按种类进行快速汇总。通过使用 Excel"数据"选项卡的"分级显示"组中的"分类汇总"，可以自动计算所列列表中的分类汇总和统计。数据的分类汇总是按设置的分类字段、汇总方式对选定汇总项进行汇总的方法。为使汇总的数据为各类别的总和，还需要对分类的字段进行排序。在创建了一级汇总之后，还可以分类汇总及分级显示查看数据。通过 Excel 中的汇总函数也可以满足使数据达到汇总的效果这一需求。

(1) 数据排序。

在分类汇总前，需要对数据进行排序，将同类内容有效地组织在一起。用鼠标单击工作表的任一有数据的单元格，也就是活动单元格在有效数据内，单击"排序"按钮弹出一个排序选项卡，如图 B.2.2 所示。选择"主要关键字"，也就是分类的关键字，本例选择"性别"，这样工作表里的数据就按照性别分类了，如图 B.2.3 所示。

(2) 分类汇总。

排序字段之后切换至"数据"选项卡，单击"分级显示"组中"分类汇总"按钮，打开"分类汇总"对话框。在该对话框中需要对分类字段、汇总方式、汇总项等条件进行设置。本例"分类字段"设置为"性别"，与上面保持一致；"汇总方式"选择"最大值"；"选定汇总项"

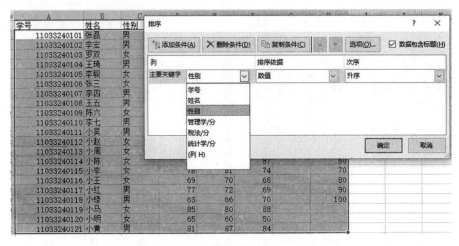

图 B.2.2

	A	B	C	D	E	F
1	学号	姓名	性别	管理学/分	税法/分	统计学/分
2	11033240101	张磊	男	85	76	89
3	11033240102	李宏	男	68	87	76
4	11033240104	王琦	男	90	89	91
5	11033240107	李四	男	66	70	66
6	11033240108	王五	男	54	63	70
7	11033240110	李七	男	80	89	79
8	11033240111	小吴	男	78	77	67
9	11033240117	小红	男	77	72	69
10	11033240118	小绿	男	63	66	70
11	11033240121	小黄	男	81	87	84
12	11033240103	罗双	女	79	77	81
13	11033240105	李毅	女	67	74	71
14	11033240106	张三	女	87	76	87
15	11033240109	陈六	女	83	87	80
16	11033240112	小赵	女	64	66	70
17	11033240113	小周	女	86	90	88
18	11033240114	小陈	女	90	93	87
19	11033240115	小李	女	78	81	74
20	11033240116	小王	女	69	70	68
21	11033240119	小马	女	85	80	88
22	11033240120	小明	女	65	60	50

图 B.2.3

选择"管理学""税法""统计学"三项。然后单击"确定"按钮,工作表就按照要求分类汇总好了,如图 B.2.4 所示。

3. 绘制直方图

在数据分析时,经常需要对连续变量数据进行分段分布展现,可以通过分段进行分类汇总、数据透视表,或者直接在数据库中统计完成,然后绘制柱形图(非直方图,分类分开的)并设置。在数据量不是很大的情况下,在 Excel 中利用数据分析功能绘制直方图可以比较快捷地满足需求。

下面以某高校经济管理学院 2011 级国贸专业学生税法课程成绩为例,统计各成绩段的频数和累计频数,并绘制直方图。

	A	B	C	D	E	F
1	学号	姓名	性别	管理学/分	税法/分	统计学/分
2	11033240101	张磊	男	85	76	89
3	11033240102	李宏	男	68	87	76
4	11033240104	王琦	男	90	89	91
5	11033240107	李四	男	66	70	66
6	11033240108	王五	男	54	63	70
7	11033240110	李七	男	80	89	79
8	11033240111	小吴	男	78	77	67
9	11033240117	小红	男	77	72	69
10	11033240118	小绿	男	63	66	70
11	11033240121	小黄	男	81	87	84
12			男 最大值	90	89	91
13	11033240103	罗双	女	79	77	81
14	11033240105	李毅	女	67	74	71
15	11033240106	张三	女	87	76	87
16	11033240109	陈六	女	83	87	80
17	11033240112	小赵	女	64	66	70
18	11033240113	小周	女	86	90	88
19	11033240114	小陈	女	90	93	87
20	11033240115	小李	女	78	81	74
21	11033240116	小王	女	69	70	68
22	11033240119	小马	女	85	80	88
23	11033240120	小明	女	65	60	50
24			女 最大值	90	93	88
25			总计最大值	90	93	91

附图 B.2.4

操作步骤如下。

(1) 学生的税法成绩单数据以及设置的成绩分段资料如图 B.2.5 所示。

学号	姓名	性别	管理学/分	税法/分	统计学/分
11033240101	张磊	男	85	76	89
11033240102	李宏	男	68	87	76
11033240104	王琦	男	90	89	91
11033240107	李四	男	66	70	66
11033240108	王五	男	54	63	70
11033240110	李七	男	80	89	79
11033240111	小吴	男	78	77	67
11033240117	小红	男	77	72	69
11033240118	小绿	男	63	66	70
11033240121	小黄	男	81	87	84
11033240103	罗双	女	79	77	81
11033240105	李毅	女	67	74	71
11033240106	张三	女	87	76	87
11033240109	陈六	女	83	87	80
11033240112	小赵	女	64	66	70
11033240113	小周	女	86	90	88
11033240114	小陈	女	90	93	87
11033240115	小李	女	78	81	74
11033240116	小王	女	69	70	68
11033240119	小马	女	85	80	88
11033240120	小明	女	65	60	50

图 B.2.5

(2) 输入数据,绘制直方图。选择"数据"→"数据分析"→"直方图",单击"确定"按钮(图 B.2.6)。

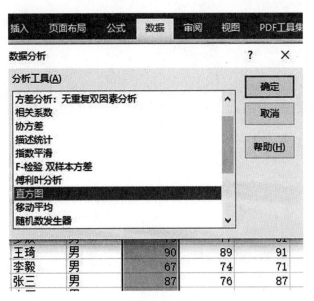

图 B.2.6

(3) 在弹出的"直方图"对话框中,将"输入区域""输出区域"用鼠标在表中选定,并选中"图表输出",单击"确定"按钮(图 B.2.7)。

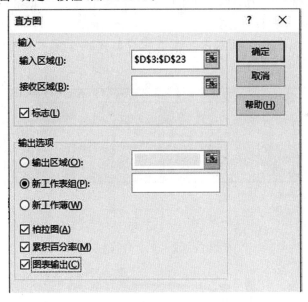

图 B.2.7

① 输入区域:原始数据区域。
② 接收区域:数据接受序列。

如果选择"输出区域",则新对象直接插入当前表格中。选中"柏拉图",则此复选框可在输出表中按降序来显示数据。若选择"累计百分率",则会在直方图上叠加累计频率曲线,如图 B.2.8 所示。

(4) 完善直方图。通过上面的步骤得到的直方图分类间距太大,不符合一般的要求,

接收	频率	累积 %	接收	频率	累积 %
60	1	4.76%	90	8	38.10%
70	7	38.10%	70	7	71.43%
80	5	61.90%	80	5	95.24%
90	8	100.00%	60	1	100.00%
100	0	100.00%	100	0	100.00%
其他	0	100.00%	其他	0	100.00%

(a)

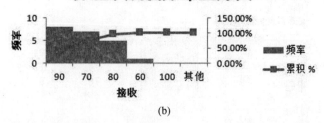

(b)

图 B.2.8

需进一步完善。对准直方图的柱框，双击鼠标左键，弹出"设置数据系列格式"对话框，单击"系列选项"标签。在"系列选项"选项卡中将"分类间距"改为"0"，单击"关闭"按钮，如图 B.2.9 所示。其余细节请双击要调整的对象按照常规方法进行调整，这里不再赘述。

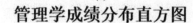

接收	频率	累积 %	接收	频率	累积 %
60	1	4.76%	90	8	38.10%
70	7	38.10%	70	7	71.43%
80	5	61.90%	80	5	95.24%
90	8	100.00%	60	1	100.00%
100	0	100.00%	100	0	100.00%
其他	0	100.00%	其他	0	100.00%

(a)

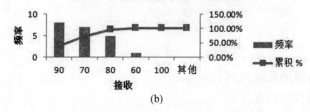

(b)

图 B.2.9

B.3 用Excel进行数据分析:描述统计分析

在数据分析的时候,一般要先对数据进行描述性统计分析(Descriptive Analysis),以发现其内在的规律,再选择进一步分析的方法。描述性统计分析要对调查总体所有变量的有关数据做统计性描述,主要包括数据的频数分析、数据的集中趋势分析、数据的离散程度分析、数据的分布,以及一些基本的统计图形,常用的指标有均值、中位数、众数、方差、标准差等。

1. 应用案例

以某高校经济管理学院2011级国贸专业学生统计学成绩单(图B.3.1)为例,求统计学成绩的均值、区间、众数、方差、标准差等统计数据。

	A	B	C	D	E	F
1	学号	姓名	性别	管理学/分	税法/分	统计学/分
2	11033240101	张磊	男	85	76	89
3	11033240102	李宏	男	68	87	76
4	11033240103	罗双	女	79	77	81
5	11033240104	王琦	男	90	89	91
6	11033240105	李毅	女	67	74	71
7	11033240106	张三	女	87	76	87
8	11033240107	李四	男	66	70	66
9	11033240108	王五	男	54	63	70
10	11033240109	陈六	女	83	87	80
11	11033240110	李七	男	80	89	79
12	11033240111	小吴	男	78	77	67
13	11033240112	小赵	女	64	66	70
14	11033240113	小周	女	86	90	88
15	11033240114	小陈	女	90	93	87
16	11033240115	小李	女	78	81	74
17	11033240116	小王	女	69	70	68
18	11033240117	小红	男	77	72	69
19	11033240118	小绿	男	63	66	70
20	11033240119	小马	女	85	80	88
21	11033240120	小明	女	65	60	50
22	11033240121	小黄	男	81	87	84

图B.3.1

2. 具体步骤

(1)打开"数据"选项卡,选择"数据分析",出现"数据分析"对话框,选择"描述统计",单击"确定"按钮,出现"描述统计"对话框(图B.3.2)。

(2)在"描述统计"对话框对相应选项进行设置,如图B.3.3所示。

选项有两个方面:输入和输出选项。输入区域即原始数据区域,选中多个行或列,选择相应的分组方式(逐行/逐列)。如果数据有标志,则勾选"标志位于第一行";如果输入区域没有标志项,则该复选框将清除,Excel将在输出表中生成适宜的数据标志。输出区域可以选择本表、新工作表或是新工作簿。汇总统计包括均值、标准误差(相对于均值)、中位数、众数、标准差、方差、峰度偏度、极差、最小值、最大值、总和、总个数和置信度等相

图 B.3.2

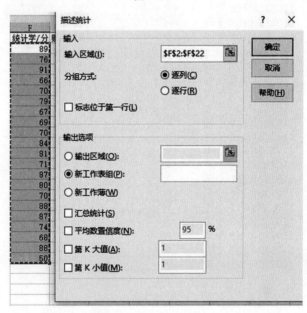

图 B.3.3

关项目。第 K 大(小)值即输出表的某一行中包含每个数据区域中的第 k 个最大(小)值平均数置信度,数值 95% 可用来计算在显著性水平为 5% 时的平均数置信度。

(3) 描述统计数据分析结果如图 B.3.4 所示。

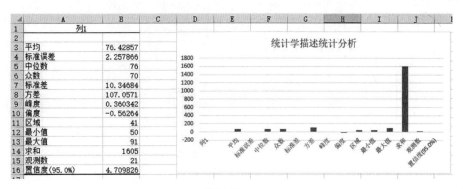

附图 B.3.4

B.4 用 Excel 进行数据分析:均值区间估计

1. 应用案例

某单位按简单随机重复抽样方式抽取 40 名职工,对其业务情况进行考核,考核成绩资料见表 B.4.1。

表 B.4.1　40 名职工考核成绩资料　　　　　　　　　　　　单位:分

66	91	88	84	86	87	75	73	74	82
89	59	81	56	75	96	76	87	72	60
90	66	76	73	77	84	89	91	62	57
84	80	78	77	71	61	70	86	76	68

试以 95% 的概率保证程度推断全体职工业务考试成绩的区间范围。

2. 操作步骤

第一步,构建工作表。将 40 个数据输入单元格 A2～A41,在区域 C2～C10 内输入样本容量、样本平均值、标准差、显著性水平、抽样极限误差、置信区间下限和置信区间上限(图 B.4.1)。

第二步,选中输出数据单元格,本例中选 D2,单击"公式"→"插入函数","选择类别"中选"统计"。在其左边显示的"选择函数"中单击"COUNT",再单击"确定"按钮,如图 B.4.2 所示。

在 Value1 中输入或拖入数据区域 A2～A41 单元格,然后单击"确定"按钮,获得样本,如图 B.4.3 所示。在 D3 中插入函数 AVERAGE(A2～A41),获得样本平均数;插入函数 STDEVA(A2～A41),获得样本标准差。输入显著性水平 a 值 0.05%。插入函数 CONFIDENCE.NORM,出现对话框。关于其他的估计可按类似的方法进行。

图 B.4.1

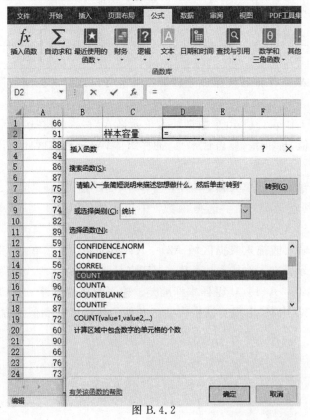

图 B.4.2

附录 B　Excel 相关操作

	A	B	C	D
1	66			
2	91		样本容量	40
3	88		样本平均值	76.825
4	84		标准差	10.51223
5	86		显著性水平	0.05
6	87		抽样极限误差	3.257715
7	75		置信区间下限	73.56728
8	73		置信区间上限	80.08272
9	74			

图 B.4.3

附录 C

附　表

附表 I　标准正态分布表

Z	0.00	0.01	0.02	0.03	0.04	0.05	0.06	0.07	0.08	0.09
0.0	0.500 0	0.504	0.508	0.512	0.516	0.519 9	0.523 9	0.527 9	0.531 9	0.535 9
0.1	0.539 8	0.543 8	0.547 8	0.551 7	0.555 7	0.559 6	0.563 6	0.567 5	0.571 4	0.575 3
0.2	0.579 3	0.583 2	0.587 1	0.591 0	0.594 8	0.598 7	0.602 6	0.606 4	0.610 3	0.614 1
0.3	0.617 9	0.621 7	0.625 5	0.629 3	0.633 1	0.636 8	0.640 6	0.644 3	0.648 0	0.651 7
0.4	0.655 4	0.659 1	0.662 8	0.666 4	0.670 0	0.673 6	0.677 2	0.680 8	0.684 4	0.687 9
0.5	0.691 5	0.695 0	0.698 5	0.701 9	0.705 4	0.708 8	0.712 3	0.715 7	0.719 0	0.722 4
0.6	0.725 7	0.729 1	0.732 4	0.735 7	0.738 9	0.742 2	0.745 4	0.748 6	0.751 7	0.754 9
0.7	0.758 0	0.761 1	0.764 2	0.767 3	0.770 3	0.773 4	0.776 4	0.779 4	0.782 3	0.785 2
0.8	0.788 1	0.791 0	0.793 9	0.796 7	0.799 5	0.802 3	0.805 1	0.807 8	0.810 6	0.813 3
0.9	0.815 9	0.818 6	0.821 2	0.823 8	0.826 4	0.828 9	0.831 5	0.834 0	0.836 5	0.838 9
1.0	0.841 3	0.843 8	0.846 1	0.848 5	0.850 8	0.853 1	0.855 4	0.857 7	0.859 9	0.862 1
1.1	0.864 3	0.866 5	0.868 6	0.870 8	0.872 9	0.874 9	0.877 0	0.879 0	0.881 0	0.883 0
1.2	0.884 9	0.886 9	0.888 8	0.890 7	0.892 5	0.894 4	0.896 2	0.898 0	0.899 7	0.901 5
1.3	0.903 2	0.904 9	0.906 6	0.908 2	0.909 9	0.911 5	0.913 1	0.914 7	0.916 2	0.917 7
1.4	0.919 2	0.920 7	0.922 2	0.923 6	0.925 1	0.926 5	0.927 8	0.929 2	0.930 6	0.931 9
1.5	0.933 2	0.934 5	0.935 7	0.937 0	0.938 2	0.939 4	0.940 6	0.941 8	0.943 0	0.944 1
1.6	0.945 2	0.946 3	0.947 4	0.948 4	0.949 5	0.950 5	0.951 5	0.952 5	0.953 5	0.954 5
1.7	0.955 4	0.956 4	0.957 3	0.958 2	0.959 1	0.959 9	0.960 8	0.961 6	0.962 5	0.963 3
1.8	0.964 1	0.964 8	0.965 6	0.966 4	0.967 1	0.967 8	0.968 6	0.969 3	0.970 0	0.970 6
1.9	0.971 3	0.971 9	0.972 6	0.973 2	0.973 8	0.974 4	0.975	0.975 6	0.976 2	0.976 7
2.0	0.977 2	0.977 8	0.978 3	0.978 8	0.979 3	0.979 8	0.980 3	0.980 8	0.981 2	0.981 7
2.1	0.982 1	0.982 6	0.983 0	0.983 4	0.983 8	0.984 2	0.984 6	0.985 0	0.985 4	0.985 7
2.2	0.986 1	0.986 4	0.986 8	0.987 1	0.987 4	0.987 8	0.988 1	0.988 4	0.988 7	0.989 0
2.3	0.989 3	0.989 6	0.989 8	0.990 1	0.990 4	0.990 6	0.990 9	0.991 1	0.991 3	0.991 6
2.4	0.991 8	0.992 0	0.992 2	0.992 5	0.992 7	0.992 9	0.993 1	0.993 2	0.993 4	0.993 6
2.5	0.993 8	0.994 0	0.994 1	0.994 3	0.994 5	0.994 6	0.994 8	0.994 9	0.995 1	0.995 2
2.6	0.995 3	0.995 5	0.995 6	0.995 7	0.995 9	0.996 0	0.996 1	0.996 2	0.996 3	0.996 4

续附表 Ⅰ

Z	0.00	0.01	0.02	0.03	0.04	0.05	0.06	0.07	0.08	0.09
2.7	0.996 5	0.996 6	0.996 7	0.996 8	0.996 9	0.997 0	0.997 1	0.997 2	0.997 3	0.997 4
2.8	0.997 4	0.997 5	0.997 6	0.997 7	0.997 7	0.997 8	0.997 9	0.997 9	0.998 0	0.998 1
2.9	0.998 1	0.998 2	0.998 2	0.998 3	0.998 4	0.998 4	0.998 5	0.998 5	0.998 6	0.998 6
3	0.998 7	0.999	0.999 3	0.999 5	0.999 7	0.999 8	0.999 8	0.999 9	0.999 9	1.000 0
−3.9	0.000 0	0.000 0	0.000 0	0.000 0	0.000 0	0.000 0	0.000 0	0.000 0	0.000 0	0.000 0
−3.8	0.000 1	0.000 1	0.000 1	0.000 1	0.000 1	0.000 1	0.000 1	0.000 1	0.000 1	0.000 1
−3.7	0.000 1	0.000 1	0.000 1	0.000 1	0.000 1	0.000 1	0.000 1	0.000 1	0.000 1	0.000 1
−3.6	0.000 2	0.000 2	0.000 1	0.000 1	0.000 1	0.000 1	0.000 1	0.000 1	0.000 1	0.000 1
−3.5	0.000 2	0.000 2	0.000 2	0.000 2	0.000 2	0.000 2	0.000 2	0.000 2	0.000 2	0.000 2
−3.4	0.000 3	0.000 3	0.000 3	0.000 3	0.000 3	0.000 3	0.000 3	0.000 3	0.000 3	0.000 2
−3.3	0.000 5	0.000 5	0.000 5	0.000 4	0.000 4	0.000 4	0.000 4	0.000 4	0.000 4	0.000 4
−3.2	0.000 7	0.000 7	0.000 6	0.000 6	0.000 6	0.000 6	0.000 6	0.000 5	0.000 5	0.000 5
−3.1	0.001 0	0.000 9	0.000 9	0.000 9	0.000 8	0.000 8	0.000 8	0.000 8	0.000 7	0.000 7
−3.0	0.001 4	0.001 3	0.001 3	0.001 2	0.001 2	0.001 1	0.001 1	0.001 1	0.001 0	0.001 0
−2.9	0.001 9	0.001 8	0.001 8	0.001 7	0.001 6	0.001 6	0.001 5	0.001 5	0.001 4	0.001 4
−2.8	0.002 6	0.002 5	0.002 4	0.002 3	0.002 3	0.002 2	0.002 1	0.002 1	0.002 0	0.001 9
−2.7	0.003 5	0.003 4	0.003 3	0.003 2	0.003 1	0.003 0	0.002 9	0.002 8	0.002 7	0.002 6
−2.6	0.004 7	0.004 5	0.004 4	0.004 3	0.004 1	0.004 0	0.003 9	0.003 8	0.003 7	0.003 6
−2.5	0.006 2	0.006 0	0.005 9	0.005 7	0.005 5	0.005 4	0.005 2	0.005 1	0.004 9	0.004 8
−2.4	0.008 2	0.008 0	0.007 8	0.007 5	0.007 3	0.007 1	0.006 9	0.006 8	0.006 6	0.006 4
−2.3	0.010 7	0.010 4	0.010 2	0.009 9	0.009 6	0.009 4	0.009 1	0.008 9	0.008 7	0.008 4
−2.2	0.013 9	0.013 6	0.013 2	0.012 9	0.012 5	0.012 2	0.011 9	0.011 6	0.011 3	0.011 0
−2.1	0.017 9	0.017 4	0.017 0	0.016 6	0.016 2	0.015 8	0.015 4	0.015 0	0.014 6	0.014 3
−2.0	0.022 8	0.022 2	0.021 7	0.021 2	0.020 7	0.020 2	0.019 7	0.019 2	0.018 8	0.018 3
−1.9	0.028 7	0.028 1	0.027 4	0.026 8	0.026 2	0.025 6	0.025 0	0.024 4	0.023 9	0.023 3
−1.8	0.035 9	0.035 1	0.034 4	0.033 6	0.032 9	0.032 2	0.031 4	0.030 7	0.030 1	0.029 4
−1.7	0.044 6	0.043 6	0.042 7	0.041 8	0.040 9	0.040 1	0.039 2	0.038 4	0.037 5	0.036 7
−1.6	0.054 8	0.053 7	0.052 6	0.051 6	0.050 5	0.049 5	0.048 5	0.047 5	0.046 5	0.045 5
−1.5	0.066 8	0.065 5	0.064 3	0.063 0	0.061 8	0.060 6	0.059 4	0.058 2	0.057 1	0.055 9
−1.4	0.080 8	0.079 3	0.077 8	0.076 4	0.074 9	0.073 5	0.072 1	0.070 8	0.069 4	0.068 1
−1.3	0.096 8	0.095 1	0.093 4	0.091 8	0.090 1	0.088 5	0.086 9	0.085 3	0.083 8	0.082 3
−1.2	0.115 1	0.113 1	0.111 2	0.109 3	0.107 5	0.105 7	0.103 8	0.102 0	0.100 3	0.098 5
−1.1	0.135 7	0.133 5	0.131 4	0.129 2	0.127 1	0.125 1	0.123 0	0.121 0	0.119 0	0.117 0
−1.0	0.158 7	0.156 2	0.153 9	0.151 5	0.149 2	0.146 9	0.144 6	0.142 3	0.140 1	0.137 9
−0.9	0.184 1	0.181 4	0.178 8	0.176 2	0.173 6	0.171 1	0.168 5	0.166 0	0.163 5	0.161 1
−0.8	0.211 9	0.209 0	0.206 1	0.203 3	0.200 5	0.197 7	0.194 9	0.192 2	0.189 4	0.186 7
−0.7	0.242 0	0.238 9	0.235 8	0.232 7	0.229 7	0.226 6	0.223 6	0.220 7	0.217 7	0.214 8
−0.6	0.274 3	0.270 9	0.267 6	0.264 3	0.261 1	0.257 8	0.254 6	0.251 4	0.248 3	0.245 1
−0.5	0.308 5	0.305 0	0.301 5	0.298 1	0.294 6	0.291 2	0.287 7	0.284 3	0.281 0	0.277 6
−0.4	0.344 6	0.340 9	0.337 2	0.333 6	0.330 0	0.326 4	0.322 8	0.319 2	0.315 6	0.312 1
−0.3	0.382 1	0.378 3	0.374 5	0.370 7	0.366 9	0.363 2	0.359 4	0.355 7	0.352 0	0.348 3
−0.2	0.420 7	0.416 8	0.412 9	0.409 0	0.405 2	0.401 3	0.397 4	0.393 6	0.389 7	0.385 9
−0.1	0.460 2	0.456 2	0.452 2	0.448 3	0.444 3	0.440 4	0.436 4	0.432 5	0.428 6	0.424 7
0.0	0.500 0	0.496 0	0.492 0	0.488 0	0.484 0	0.480 1	0.476 1	0.472 1	0.468 1	0.464 1

附表 Ⅱ　t-分布表

df	0.25	0.2	0.15	0.10	0.05	0.025	0.01	0.005	0.0025	0.001	0.0005
1	1.000	1.376	1.963	3.078	6.314	12.710	31.820	63.660	127.30	318.30	636.60
2	0.816	1.061	1.386	1.886	2.920	4.303	6.965	9.925	14.090	22.330	31.600
3	0.765	0.978	1.250	1.638	2.353	3.182	4.541	5.841	7.453	10.210	12.920
4	0.741	0.941	1.190	1.533	2.132	2.776	3.747	4.604	5.598	7.173	8.610
5	0.727	0.920	1.156	1.476	2.015	2.571	3.365	4.032	4.773	5.893	6.869
6	0.718	0.906	1.134	1.440	1.943	2.447	3.143	3.707	4.317	5.208	5.959
7	0.711	0.896	1.119	1.415	1.895	2.365	2.998	3.499	4.029	4.785	5.408
8	0.706	0.889	1.108	1.397	1.860	2.306	2.896	3.355	3.833	4.501	5.041
9	0.703	0.883	1.100	1.383	1.833	2.262	2.821	3.250	3.690	4.297	4.781
10	0.700	0.879	1.093	1.372	1.812	2.228	2.764	3.169	3.581	4.144	4.587
11	0.697	0.876	1.088	1.363	1.796	2.201	2.718	3.106	3.497	4.025	4.437
12	0.695	0.873	1.083	1.356	1.782	2.179	2.681	3.055	3.428	3.930	4.318
13	0.694	0.870	1.079	1.350	1.771	2.160	2.650	3.012	3.372	3.852	4.221
14	0.692	0.868	1.076	1.345	1.761	2.145	2.624	2.977	3.326	3.787	4.140
15	0.691	0.866	1.074	1.341	1.753	2.131	2.602	2.947	3.286	3.733	4.073
16	0.690	0.865	1.071	1.337	1.746	2.120	2.583	2.921	3.252	3.686	4.015
17	0.689	0.863	1.069	1.333	1.740	2.110	2.567	2.898	3.222	3.646	3.965
18	0.688	0.862	1.067	1.330	1.734	2.101	2.552	2.878	3.197	3.610	3.922
19	0.688	0.861	1.066	1.328	1.729	2.093	2.539	2.861	3.174	3.579	3.883
20	0.687	0.860	1.064	1.325	1.725	2.086	2.528	2.845	3.153	3.552	3.850
21	0.686	0.859	1.063	1.323	1.721	2.080	2.518	2.831	3.135	3.527	3.819
22	0.686	0.858	1.061	1.321	1.717	2.074	2.508	2.819	3.119	3.505	3.792
23	0.685	0.858	1.060	1.319	1.714	2.069	2.500	2.807	3.104	3.485	3.767
24	0.685	0.857	1.059	1.318	1.711	2.064	2.492	2.797	3.091	3.467	3.745
25	0.684	0.856	1.058	1.316	1.708	2.060	2.485	2.787	3.078	3.450	3.725
26	0.684	0.856	1.058	1.315	1.706	2.056	2.479	2.779	3.067	3.435	3.707
27	0.684	0.855	1.057	1.314	1.703	2.052	2.473	2.771	3.057	3.421	3.690
28	0.683	0.855	1.056	1.313	1.701	2.048	2.467	2.763	3.047	3.408	3.674
29	0.683	0.854	1.055	1.311	1.699	2.045	2.462	2.756	3.038	3.396	3.659
30	0.683	0.854	1.055	1.310	1.697	2.042	2.457	2.750	3.030	3.385	3.646
40	0.681	0.851	1.050	1.303	1.684	2.021	2.423	2.704	2.971	3.307	3.551
50	0.679	0.849	1.047	1.299	1.676	2.009	2.403	2.678	2.937	3.261	3.496
60	0.679	0.848	1.045	1.296	1.671	2.000	2.390	2.660	2.915	3.232	3.460
80	0.678	0.846	1.043	1.292	1.664	1.990	2.374	2.639	2.887	3.195	3.416
100	0.677	0.845	1.042	1.290	1.660	1.984	2.364	2.626	2.871	3.174	3.390
120	0.677	0.845	1.041	1.289	1.658	1.980	2.358	2.617	2.860	3.160	3.373
∞	0.674	0.842	1.036	1.282	1.645	1.960	2.326	2.576	2.807	3.090	3.291

附表 Ⅲ 卡方分布表

df	α									
	0.995	0.99	0.975	0.95	0.9	0.1	0.05	0.025	0.01	0.005
1	0.000 04	0.000 16	0.001	0.004	0.016	2.706	3.841	5.024	6.635	7.879
2	0.010	0.020	0.051	0.103	0.211	4.605	5.991	7.378	9.210	10.597
3	0.072	0.115	0.216	0.352	0.584	6.251	7.815	9.348	11.345	12.838
4	0.207	0.297	0.484	0.711	1.064	7.779	9.488	11.143	13.277	14.860
5	0.412	0.554	0.831	1.145	1.610	9.236	11.070	12.833	15.086	16.750
6	0.676	0.872	1.237	1.635	2.204	10.645	12.592	14.449	16.812	18.548
7	0.989	1.239	1.690	2.167	2.833	12.017	14.067	16.013	18.475	20.278
8	1.344	1.646	2.180	2.733	3.490	13.362	15.507	17.535	20.090	21.955
9	1.735	2.088	2.700	3.325	4.168	14.684	16.919	19.023	21.666	23.589
10	2.156	2.558	3.247	3.940	4.865	15.987	18.307	20.483	23.209	25.188
11	2.603	3.053	3.816	4.575	5.578	17.275	19.675	21.920	24.725	26.757
12	3.074	3.571	4.404	5.226	6.304	18.549	21.026	23.337	26.217	28.300
13	3.565	4.107	5.009	5.892	7.042	19.812	22.362	24.736	27.688	29.819
14	4.075	4.660	5.629	6.571	7.790	21.064	23.685	26.119	29.141	31.319
15	4.601	5.229	6.262	7.261	8.547	22.307	24.996	27.488	30.578	32.801
16	5.142	5.812	6.908	7.962	9.312	23.542	26.296	28.845	32.000	34.267
17	5.697	6.408	7.564	8.672	10.085	24.769	27.587	30.191	33.409	35.718
18	6.265	7.015	8.231	9.390	10.865	25.989	28.869	31.526	34.805	37.156
19	6.844	7.633	8.907	10.117	11.651	27.204	30.144	32.852	36.191	38.582
20	7.434	8.260	9.591	10.851	12.443	28.412	31.410	34.170	37.566	39.997
21	8.034	8.897	10.283	11.591	13.240	29.615	32.671	35.479	38.932	41.401
22	8.643	9.542	10.982	12.338	14.041	30.813	33.924	36.781	40.289	42.796
23	9.260	10.196	11.689	13.091	14.848	32.007	35.172	38.076	41.638	44.181
24	9.886	10.856	12.401	13.848	15.659	33.196	36.415	39.364	42.980	45.559
25	10.520	11.524	13.120	14.611	16.473	34.382	37.652	40.646	44.314	46.928
26	11.160	12.198	13.844	15.379	17.292	35.563	38.885	41.923	45.642	48.290
27	11.808	12.879	14.573	16.151	18.114	36.741	40.113	43.195	46.963	49.645
28	12.461	13.565	15.308	16.928	18.939	37.916	41.337	44.461	48.278	50.993
29	13.121	14.256	16.047	17.708	19.768	39.087	42.557	45.722	49.588	52.336
30	13.787	14.953	16.791	18.493	20.599	40.256	43.773	46.979	50.892	53.672
31	14.458	15.655	17.539	19.281	21.434	41.422	44.985	48.232	52.191	55.003
32	15.134	16.362	18.291	20.072	22.271	42.585	46.194	49.480	53.486	56.328
33	15.815	17.074	19.047	20.867	23.110	43.745	47.400	50.725	54.776	57.648
34	16.501	17.789	19.806	21.664	23.952	44.903	48.602	51.966	56.061	58.964
35	17.192	18.509	20.569	22.465	24.797	46.059	49.802	53.203	57.342	60.275
36	17.887	19.233	21.336	23.269	25.643	47.212	50.998	54.437	58.619	61.581
37	18.586	19.960	22.106	24.075	26.492	48.363	52.192	55.668	59.893	62.883
38	19.289	20.691	22.878	24.884	27.343	49.513	53.384	56.896	61.162	64.181
39	19.996	21.426	23.654	25.695	28.196	50.660	54.572	58.120	62.428	65.476
40	20.707	22.164	24.433	26.509	29.051	51.805	55.758	59.342	63.691	66.766

附表 Ⅳ 泊松分布表

m	λ													
	0.1	0.2	0.3	0.4	0.5	0.6	0.7	0.8	0.9	1.0	1.5	2.0	2.5	3.0
0	0.904 8	0.818 7	0.740 8	0.670 3	0.606 5	0.548 8	0.496 6	0.449 3	0.406 6	0.367 9	0.223 1	0.135 3	0.082 1	0.049 8
1	0.090 5	0.163 7	0.222 3	0.268 1	0.303 3	0.329 3	0.347 6	0.359 5	0.365 9	0.367 9	0.334 7	0.270 7	0.205 2	0.149 4
2	0.004 5	0.016 4	0.033 3	0.053 6	0.075 8	0.098 8	0.121 6	0.143 8	0.164 7	0.183 9	0.251 0	0.270 7	0.256 5	0.224 0
3	0.000 2	0.001 1	0.003 3	0.007 2	0.012 6	0.019 8	0.028 4	0.038 3	0.049 4	0.061 3	0.125 5	0.180 5	0.213 8	0.224 0
4		0.000 1	0.000 3	0.000 7	0.001 6	0.003 0	0.005 0	0.007 7	0.011 1	0.015 3	0.047 1	0.090 4	0.133 6	0.168 1
5				0.000 1	0.000 2	0.000 3	0.000 7	0.001 2	0.002 0	0.003 1	0.014 1	0.036 1	0.066 8	0.100 8
6							0.000 1	0.000 2	0.000 3	0.000 5	0.003 5	0.012 0	0.027 8	0.050 4
7										0.000 1	0.000 8	0.003 4	0.009 9	0.021 6
8											0.000 2	0.000 9	0.003 1	0.008 1
9												0.000 2	0.000 9	0.002 7
10													0.000 2	0.000 8
11													0.000 1	0.000 2
12														0.000 1

m	λ												
	3.5	4.0	4.5	5	6	7	8	9	10	11	12	13	14	15
0	0.030 2	0.018 3	0.011 1	0.006 7	0.002 5	0.000 9	0.000 3	0.000 1						
1	0.105 7	0.073 3	0.050 0	0.033 7	0.014 9	0.006 4	0.002 7	0.001 1	0.000 4	0.000 2	0.000 1			
2	0.185 0	0.146 5	0.112 5	0.084 2	0.044 6	0.022 3	0.010 7	0.005 0	0.002 3	0.001 0	0.000 4	0.000 2	0.000 1	
3	0.215 8	0.195 4	0.168 7	0.140 4	0.089 2	0.052 1	0.028 6	0.015 0	0.007 6	0.003 7	0.001 8	0.000 8	0.000 4	0.000 2
4	0.188 8	0.195 4	0.189 8	0.175 5	0.133 9	0.091 2	0.057 3	0.033 7	0.018 9	0.010 2	0.005 3	0.002 7	0.001 3	0.000 6
5	0.132 2	0.156 3	0.170 8	0.175 5	0.160 6	0.127 7	0.091 6	0.060 7	0.037 8	0.022 4	0.012 7	0.007 1	0.003 7	0.001 9
6	0.077 1	0.104 2	0.128 1	0.146 2	0.160 6	0.149 0	0.122 1	0.091 1	0.063 1	0.041 1	0.025 5	0.015 1	0.008 7	0.004 8
7	0.038 5	0.059 5	0.082 4	0.104 4	0.137 7	0.149 0	0.139 6	0.117 1	0.090 1	0.064 6	0.043 7	0.028 1	0.017 4	0.010 4
8	0.016 9	0.029 8	0.046 3	0.065 3	0.103 3	0.130 4	0.139 6	0.131 8	0.112 6	0.088 8	0.065 5	0.045 7	0.030 4	0.019 5
9	0.006 5	0.013 2	0.023 2	0.036 3	0.068 8	0.101 4	0.124 1	0.131 8	0.125 1	0.108 5	0.087 4	0.066 0	0.047 3	0.032 4
10	0.002 3	0.005 3	0.010 4	0.018 1	0.041 3	0.071 0	0.099 3	0.118 6	0.125 1	0.119 4	0.104 8	0.085 9	0.066 3	0.048 6
11	0.000 7	0.001 9	0.004 3	0.008 2	0.022 5	0.045 2	0.072 2	0.097 0	0.113 7	0.119 4	0.114 4	0.101 5	0.084 4	0.066 3
12	0.000 2	0.000 6	0.001 5	0.003 4	0.011 3	0.026 4	0.048 1	0.072 8	0.094 8	0.109 4	0.114 4	0.109 9	0.098 4	0.082 8
13	0.000 1	0.000 2	0.000 6	0.001 3	0.005 2	0.014 2	0.029 6	0.050 4	0.072 9	0.092 6	0.105 6	0.109 9	0.106 1	0.095 6
14		0.000 1	0.000 2	0.000 5	0.002 3	0.007 1	0.016 9	0.032 4	0.052 1	0.072 8	0.090 5	0.102 1	0.106 1	0.102 5
15			0.000 1	0.000 2	0.000 9	0.003 3	0.009 0	0.019 4	0.034 7	0.053 3	0.072 4	0.088 5	0.098 9	0.102 5
16				0.000 1	0.000 3	0.001 5	0.004 5	0.010 9	0.021 7	0.036 7	0.054 3	0.071 9	0.086 5	0.096 1
17					0.000 1	0.000 6	0.002 1	0.005 8	0.012 8	0.023 7	0.038 3	0.055 1	0.071 3	0.084 7
18						0.000 2	0.000 9	0.002 9	0.007 1	0.014 5	0.025 5	0.039 7	0.055 4	0.070 6
19						0.000 1	0.000 4	0.001 4	0.003 7	0.008 4	0.016 1	0.027 2	0.040 8	0.055 7
20							0.000 2	0.000 6	0.001 9	0.004 6	0.009 7	0.017 7	0.028 6	0.041 8
21							0.000 1	0.000 3	0.000 9	0.002 4	0.005 5	0.010 9	0.019 1	0.029 9
22								0.000 1	0.000 4	0.001 3	0.003 0	0.006 5	0.012 2	0.020 4
23									0.000 2	0.000 6	0.001 6	0.003 6	0.007 4	0.013 3
24									0.000 1	0.000 3	0.000 8	0.002 0	0.004 3	0.008 3
25										0.000 1	0.000 4	0.001 1	0.002 4	0.005 0
26											0.000 2	0.000 5	0.001 3	0.002 9
27											0.000 1	0.000 2	0.000 7	0.001 7
28												0.000 1	0.000 3	0.000 9
29													0.000 2	0.000 4
30													0.000 1	0.000 2
31														0.000 1

参 考 文 献

[1] 王梓坤.概率论基础及其应用[M].北京:科学出版社,1976.
[2] 王玉文,刘冠琦,张译元,等.统计学导论[M].北京:科学出版社,2013.
[3] 埃文斯.数据、模型与决策[M].杜本峰,译.北京:中国人民大学出版社,2011.
[4] 赵焕光,方均斌.生活相遇数学[M].北京:科学出版社,2013.
[5] 戈丁.数学概观[M].北京:科学出版社,2001.
[6] 徐成贤,薛宏刚.金融工程——计算技术与方法[M].北京:科学出版社,2007.
[7] 庄兴元,黄建华.经济数学[M].北京:航空工业出版社,2018.
[8] 田海霞,井刚.统计学[M].北京:机械工业出版社,2015.
[9] 田爱国.统计学[M].北京:清华大学出版社,2017.